农田水力参数预测及畦灌水分管理模型

Farmland Hydraulic Parameter Prediction and Border Irrigation Water Management Model

秦文静 著

化学工业出版社

·北京·

内容简介

本书共6章，对土壤水分运动参数的预测方法进行了全面、系统的阐述，构建了土壤水分特征曲线、非饱和导水率和扩散率的预测模型，在模型优选的基础上给出了适用于黄土区水分运动参数获取的最优预测模型，并建立了畦灌水分管理一体化模型。

本书具有较强的专业性与参考价值，可供水力运动、水土环境控制、农业灌溉等方面的科研人员、技术人员、管理人员参考，也可供高等学校生态环境类、水文地质类、农业类及相关专业师生参阅。

图书在版编目（CIP）数据

农田水力参数预测及畦灌水分管理模型 / 秦文静著. —北京：
化学工业出版社，2024.2
ISBN 978-7-122-44984-9

Ⅰ.①农… Ⅱ.①秦… Ⅲ.①土壤水-运动-研究 Ⅳ.①S152.7

中国国家版本馆CIP数据核字（2024）第028215号

责任编辑：刘　婧　刘兴春　　　　　装帧设计：孙　沁
责任校对：宋　夏

出版发行：化学工业出版社
　　　　　（北京市东城区青年湖南街13号　邮政编码100011）
印　　装：北京建宏印刷有限公司
710mm×1000mm　1/16　印张10½　彩插8　字数167千字
2024年2月北京第1版第1次印刷

购书咨询：010-64518888　　　　　售后服务：010-64518899
网　　址：http://www.cip.com.cn
凡购买本书，如有缺损质量问题，本社销售中心负责调换。

定　　价：86.00元　　　　　　　　版权所有　违者必究

前　言

　　我国人口基数庞大，随着人口数量逐年增加、经济快速发展，粮食供应需求也不断增长，相应的农业用水量也不断增加。2021 年，我国农业用水量为 3644.3 亿立方米，占用水总量的 61.5%。当前，我国农业用水效率较低，在耕地面积减少的趋势依旧存在又要保证粮食产量的前提下，提高耕作土壤灌溉水分利用效率，不仅是农业节水面对的实际难题，也是保障我国粮食产量的关键问题。节水灌溉是农业节水的重要方面。随着我国大中型灌区的现代化改造，耕地灌溉亩用水量由 492m³ 下降到 355m³，农田灌溉水利用效率从不足 0.5 提高到 0.568。现代农业节水灌溉主要包括输水环节节灌和田间节灌两个方面。输水环节节灌发展相对充分，但田间节灌发展不足，而田间节灌的根本在于对土壤水分运动过程的研究。

　　山西省是黄土高原的一部分，属于典型的半干旱半湿润温带大陆性季风气候，是我国北方水资源严重短缺地区，人均水资源占有量只有全国平均水平的 1/5。畦灌作为小麦、谷子等密植作物普遍采用的灌水方法，灌水技术便于广大农民掌握应用，适用范围广，在水源充足的情况下，可有效保障作物生长需求，是目前世界范围内主要的地面灌水方式之一。然而，相对于喷灌、滴灌和地下灌溉等灌水方式，限于灌水过程和方法的差异，畦灌田间水利用系数较低。由于畦田规格不合理、土地平整性差、灌水技术参数盲目选取，造成畦田受水不均、跑水、深层渗漏、土壤次生盐碱化等不良灌水现象普遍存在。

　　在此背景下，本书基于田间原状黄土土样低吸力阶段土壤水力参数测定、土壤常规理化参数系列试验、大田灌水试验，系统地研究了原状黄土非饱和导水率和土壤水分特征曲线的主要影响因素；建立了以原状黄土土壤理化参数为自变量的土壤水力运动参数模型参数预测模型；探讨了温度对原状黄土非饱和导水率和土壤水分特征曲线的影响；构建了耦合水力运动参数预测、地面畦灌灌水过程和灌水技术参数优化的畦灌水分管理一体化模型。研究成果对山西省提高农业灌溉水资源利用效率、促进社会经济可持续发展具有重要意义。

本书的出版深受山西省科学技术厅、山西省教育厅、山西省水利厅对农业节水研究理念的影响及其大力支持，在本书所依托项目的实施过程中，获得了各厅局、试验站的领导和同志的无私帮助，在此向他们表示深深的感谢。另外还要感谢为本书的野外试验和室内试验及模型构建付出辛勤劳动的老师和同学们，及为本书提供过帮助、支持和服务的所有人员。

限于作者水平及撰写时间，书中难免有不足或疏漏之处，恳请读者赐教并指正。

作者

2023年3月

目 录

第3章 样本数据库创建及参数预测方法   35

第4章 预测模型   49

第5章 温度对土壤水力运动参数的影响 120

第6章 畦灌水分管理一体化模型 132

参考文献   **148**

第**1**章

概述

1.1　土壤水力运动参数研究背景

黄土是在特殊的自然环境下，通过沉积、固结作用形成的一种特殊的第四纪大陆松散堆积物[1]。主要分布于世界大陆北半球中纬度干旱及半干旱地带，覆盖着约 10% 的地球陆地表面。在我国，黄土分布面积达 64 万平方千米，占国土面积的 6.3%。黄土基于其细小的颗粒、松软的土质和丰富的养分，易于耕作、形成肥田沃土，十分有利于农业发展。但由于其结构十分松散，易被侵蚀、产生水土流失[2]。

土壤水作为水资源的重要组成部分，是陆生生态系统中最重要的因素之一，是一切陆生植物赖以生存的基础[3]。土壤中许多物理、化学和生物过程常常需要在一定水分的条件下才能进行。土壤水不仅能为植物提供生长所需水分，而且还能提供其所需要的营养元素。与此同时，由化肥过度施用、水资源缺乏地区中水灌溉等原因导致的农业污染问题十分突出，这些污染物质以土壤水分为介质进入土壤，成为土壤溶质，并随着土壤水分的运动而运移。因此，对土壤水的保持和运动进行研究具有十分重要的意义。

1.2　水力运动参数预测的意义

在应用数学物理方法对土壤水分的渗入、蒸发以及土壤 - 植物 - 大气连续体中水流的运动三个主要的土壤水分消耗和吸收过程进行定量分析时，无论用解析解法还是数值解法，水力学运动参数都是必不可少的一部分。水力运动参数包括比水容量 C（水分特征曲线斜率的倒数）、水力传导度 K 和扩散率 D，三者之间的定量关系为 $D = K/C$。

水力运动参数的获取方法主要有直接法和间接法。

① 直接法是指通过试验直接获取水力运动参数。其中，土壤水分特征曲线的直接获取方法主要有张力计法、压力膜仪法、砂性漏斗法等；水力传导度的直接获取方法主要有瞬时剖面法、垂直下渗通量法和垂直土柱稳定蒸发法；扩散率的直接获取方法为水平土柱吸渗法。由于土壤水力运动参数的直接获取费用高、时间长，加之受多种土壤理化参数的影响（土壤质地、结

构、容重、有机质含量等），得到确切表达土壤水力运动参数的函数较为困难，且学者们对土壤水力运动参数的研究大部分集中于扰动土壤，对田间原状土壤的研究较少。由于扰动土壤与田间原状土壤在土壤结构方面存在明显的差异，扰动土壤试验得到的结果若用于田间原状土壤会引起较大的误差。

　　② 间接法主要是指通过构建土壤相关理化参数与土壤水力运动参数间的函数（土壤传递函数，pedo-transfer functions），输入相关理化参数便可得到水力运动参数的过程。

　　本书研究旨在利用德国 UMS 公司 HYPROP 系统实测低吸力阶段原状土土壤水分特征曲线与水力传导度和相应实测的土壤理化性状参数，建立土壤质地、结构、有机质含量、温度和黄土水力传导度与土壤水分特征曲线的经验模型参数的规模化样本，通过分析与验证，得到土壤水力传导度、土壤水分特征曲线和黄土土壤扩散率经验模型参数的最优土壤传递函数。研究成果为黄土地区土壤水力运动、降雨入渗补给及地下水潜水的入渗补给和消耗、节水灌溉、土壤溶质运移、农业污染等问题的研究和应用等提供基础参数。

1.3　水力运动参数研究动态

　　土壤水指的是地面以下地下水面以上土壤层中的水分，亦称土壤非饱和带水分[4]。土壤水是地表水和地下水之间的联系。它是水资源形成，转化和消耗中不可或缺的组成部分。土壤水分受气象、土壤和植被类型等因素的影响，并直接影响植被的生长状况。它与农业、水文学和环境密切相关，已经成为一个比以往更加活跃的研究领域。目前，对土壤水的研究可分为两个过程：土壤水形态学研究和基于能量的动力学研究。土壤水形态学将土壤视为小球体的集合，或者假想为平行的小扁平体的集合，或者是将土壤孔隙近似为直径大小不一的一束束毛细管。土壤水形态分类是按照土壤中水分存在的形态和土壤中水分所承受的作用力的性质及大小来分，分类方法有许多种，但都大同小异，只是名称不同而已。土壤中水分所存在的形态一般分为吸湿水、薄膜水、毛管水和重力水。而土壤中水分所承受的作用力一般分为吸附力、吸着力、毛管力和重力，分别与土壤中水分所存在的形态相对应。最大吸湿量、最大分子持水量、田间持水量、全蓄水量以及凋萎系数是将土壤水的数量和形态联系起来的特征含水量，称为水分常数。土壤水形态学研究着眼于土壤水的形态和数量，在一般农田条件下便于应用，具有很强的实用价值。

随着研究的不断深入，由于土壤水问题的复杂性，形态学观点已不能够很好地处理生产实践中不断出现的土壤水问题。第一，从理论上来看，土壤水的形态分类是不严密的，毛细现象的起始点和终止点的划定十分困难。第二，土壤水形态学的观点只是定性的描述，在某些简单情况下可用于分析土壤水力运动，但分析结果与土壤水分运动的实际情况相差较大。因此，对土壤水的能量状态和动力学的研究逐渐成为研究热点。1907 年，Buckingham[5]首次提出了毛细管电势理论，并将其应用于土壤水研究，从而从能量的角度开辟了一种新的土壤水研究方法。Gardner 在 1920 年指出，水势由含水量决定，将土壤含水量与能量联系在一起。1931 年，Richards[6]从测量技术的角度发展了 Gardner 的观点，并发明了一种可直接测量毛细管电势的张力计。同年，他将达西定律扩展到非饱和流问题的研究中，推导了非饱和流方程，物理方法逐渐被引入土壤水的研究中，并在这一领域取得了长足进展。对土壤水的研究逐渐从静态研究转向动态研究，从定性描述转向定量分析，从经验研究转向机理研究，形成了相对独立的领域——土壤水动力学。在国际趋势下，从能量状态的角度研究土壤水已逐渐取代了形态学的观点和方法。

古典物理学认为，任何物体所拥有的能量都是由动能和势能组成的。能量运动的总体趋势是从高能量状态转变为低能量状态，最终达到能量平衡状态。对于土壤水分，由于其在土壤中的缓慢迁移，其动能可忽略不计。因此，土壤水的势能（即土水势）是影响土壤能量状态和动力学的决定性因素。土壤中水运动的驱动力是任意两点之间的土壤水势差。通常，纯净的自由水（无溶质，不受固相介质的影响）在一定的高度、特定的温度（常温或与土壤水温相同的温度）下承受标准大气压力（或局部大气压力）为标准参考状态。土水势在标准参考状态下为零。根据热力学第一定律和第二定律，将土壤水势分为重力势、压力势、基质势、溶质势和温度势。土壤能态的观点在研究土壤内部水分的运动过程，定量分析和机理分析方面起着关键作用。

过去 30 年是中国土壤和水的研究领域研究成果增长最快的时期。除了大量的翻译文献外，以土壤水或土壤水运动作为其主要内容的专著也陆续问世，例如雷志栋等[4]撰写的《土壤水动力学》；张蔚榛等[7]所著的《地下水与土壤水动力学》；康绍忠等[8]所著的《土壤-植物-大气连续体水分传输理论及其应用》；李韵珠、李保国[9]编著的《土壤溶质运移》；荆恩春等[10]著的《土壤水分通量法实验研究：ZFP方法、定位通量法、纠偏通量法应用基础》，都反映了我国学者多年来取得的丰硕成果。

本书所述土壤水力运动参数主要包括土壤非饱和导水率与土壤水分特征曲线。获取方法主要包括直接测定方法与间接获取方法。

1.3.1　土壤非饱和导水率获取方法研究进展

（1）直接测定法

土壤非饱和导水率是描述土壤导水率与含水率或基质势的变化关系，土壤非饱和导水率的直接测定法可分为稳态和瞬态两类。稳态测定土壤非饱和导水率包括常水头方法[11-13]、常流速方法[14-16]和离心机法[17]。瞬态测定土壤非饱和导水率包括水力扩散法[18]、水平渗入法[19-20]、溢出水法[21-22]和瞬时剖面法[23-24]。这些直接测定方法均基于达西定律。

稳态方法[25]是指在固定压头的作用下水通过黏土板的垂直渗透。根据连续性原理，通过黏土板的水通量和进入土壤柱的水通量是相同的。当达到稳定的入渗速率时，土柱与黏土板之间边界处的水分含量保持不变。因此，这时水分含量电势梯度为零，并且在土壤柱上部的一定范围内，水分含量均匀地分布。在这些边界条件下，根据达西定律，可以获得水的电导率和水含量之间的相关性。稳态方法假定达西定律在非饱和状态下有效，并且可以通过相应的流量和水力梯度来计算与一定吸力相对应的渗透系数。

在稳态方法中，样品的流速、梯度和水含量是恒定的，不会随时间变化。在瞬态方法中，样品的流速，梯度和水含量会发生变化。通过测量渗流状态下流量和水含量的时空分布，得到瞬态流量控制方程，得到非饱和渗透系数。瞬态法通常用于均质土的一维渗透试验。通过测量不同时间土壤剖面的水分含量和吸力分布，可以获得非饱和导水率。它在非扰动土壤和扰动土壤方面都有广泛的应用，可以同时测量水分吸收过程和蒸发过程。然而，由于水含量和吸力的同时测定，测试方法和设备的局限性，进水口附近土壤柱的水含量分布往往变化很大，使得测量结果的准确性和稳定性较差。

（2）间接获取法

土壤非饱和导水率是土壤水力运动的一个非常重要的参数，可以反映土壤的导水能力。由于土壤水力传导率与水分含量（或土水势）之间存在许多影响因素和复杂的关系，因此很难推断出具有物理意义的确切关系式。但是，通过大量的实验研究，提出了各种经验模型公式。建立土壤非饱和导水率的经验模型，不仅可以减少具体的测量时间和费用，而且为定量研究土壤水力运动提供了方便。建立非饱和土的水力传导率的经验模型可以得到对一些非饱和水流问题的近似解，并简化了分析。它可以简化数值解的计算要求，节省计算时间，并保证一定的精度。与土壤水分特征曲线的经验模型相对应，表征土壤非饱和导水率的模型包括指函数类型 [26]、幂函数类型 [27]、双曲余弦函数类型。理论水力传导率模型则分为均匀孔径分布模型和统计孔径分布模型。均匀孔径分布模型的特征是土壤中的孔径均匀且相等。属于这种类型的模型是由 Kozeny 确定的，由球形颗粒组成的多孔介质的饱和导水率模型和基于此的改进模型。这种类型的模型具有理论基础，需要较少的数据，并且易于应用。统计孔隙大小分布模型 [28-29] 把多孔介质看成一系列相互连接、随机分布的孔隙，孔隙的大小各不相同，更接近多孔介质的实际情况。普遍应用的模型主要有 Burdine 模型和 Mualem 模型。

在目前的研究中，统计孔隙分布模型具有一定的优势，已成为最常用的模型。土壤的水力传导率的统计孔隙分布模型基于土壤水分特征曲线模型，以获得土壤水力传导率的解析表达式。

1.3.2　土壤水分特征曲线获取方法研究进展

（1）直接测定法

土壤水分特征曲线是描述基质吸力与含水率间关系的曲线，反映了土壤水数量与能量之间的对应关系。直接测量土壤水分特征曲线是确定一系列土壤水分含量和相应的基质势吸力。实验室中测量土壤水分特征曲线的方法包括张力计法 [30-31]、压力膜仪法 [32]、离心法 [33]、砂性漏斗法 [34]、露点水势仪法和平衡水气压，其中，前三种方法是最常见的。

1）张力计法

张力计主要由陶土头、连接管和压力计[35-36]组成。用张力计法测量土壤水分特征曲线的实验原理是，当将陶土头插入被测土壤中时，管中的纯自由水通过多孔黏土壁与土壤水建立水力连接。由于仪器中的自由水势能值总是高于不饱和土壤水的势能值，因此管中的水会迅速流向土壤并在管中产生负压。随后，负压值由连接到管道的压力计表示。当仪器内部和外部的势值达到平衡时，可以通过压力计指示的负压来测量土壤水（陶土头处）的吸力值。它可用于扰动土壤和原状土壤的脱水和吸水过程测量。张力计能测量 $0 \sim 8.16m$ 水柱的吸力范围，是监测田间土壤水分动态的有效方法，应用广泛。

在田间自然状态下，将微型张力计插入环刀土样两个不同深度（1.25cm 和 3.75cm）测得土样水势，使用天平获得土壤重量，最后采用专业的计算机软件获得干化法土壤水分特征曲线和模型参数。假设土壤含水量和水势在垂直方向呈线性分布，从而取两个深度负压的算术平均值为测定时土样的水势。

具体操作步骤如下：首先将原状环刀土样（ $250cm^3$ ， $5cm$ 高）逆向饱和 $12 \sim 24h$ ，用配套工具在其底部挖两个与张力计高度匹配的孔并注满水。然后将饱和后的环刀土样放置在安装张力计的传感器上，将计算机与传感器和天平进行连接，开始检测土样的负压和质量变化。在此过程中土样的上表面接触空气，在自然蒸发下进行测定且室温保持恒定，没有外来风干扰。时刻注意观察土壤的水势数据，当水势达到峰值（一般为 $-800hPa$ ）并开始下降时结束测量。最后将土样放在烘箱中（ $105℃$ 下）烘 $8 \sim 12h$ 至恒重，称重获取干土的质量和容重。

此方法可连续自动监测土壤吸力以及含水量，可以获取大量的实测数据。该方法具有测定精度高、配置灵活易操作等多优点，但是只适用于低吸力段，不能测定高吸力范围的土壤水分特征曲线。

2）压力膜仪法

压力膜仪由压力系统，压力室和排水系统[37-38]组成。目前，中国使用的进口压膜仪器有 1bar（1bar=0.1MPa）、5bar、15bar 三种类型的黏土板，有的在 1 bar 之后使用醋酸纤维素膜。压力膜仪的测试原理是：压力室中的土壤样品通过黏土板与板下方水室中的自由水相连。当自由水势降低时，土壤样品开始排干，直到黏土板上的土壤水的水势与黏土板下的自由水的水势相等，达到平衡状态。它可用于测定扰动土壤和原状土壤。测得的土壤水分特征曲线的形状与土壤特征曲线相吻合，适用于土壤水分的动态模拟。然而，该种方法测量周期长、测量步骤复杂，并且在测量过程中还存在体积密度变化的问题[39]。

3）离心法

离心法由斯科菲尔德（Scofield）在 1935 年提出。其基本原理是利用圆周运动原理将样品在重力场中移动到离心场[40-41]中。基质电势所需的平衡时间是通过实验确定的，并通过称量天平获得一定吸力下的相应水分含量。离心法可用于扰动土壤和原状土壤，测量周期短，适用于土壤水分动态模拟。但是，离心法在测定过程中的土壤容重变化很大，特别是对黏粒含量高的土壤而言[42]。

4）露点水势仪法

露点水势仪法运用冷镜露点技术，测定封闭样品在室内空气的露点温度，再由内部函数计算获得样品水势，同时利用天平得到样品重量，从而获得土壤含水量与水势在某一个特定时刻的数据。采用露点水势仪法可以快速得到宽范围内的测量结果，但是由于参数设置较为复杂从而直接影响测量精度。

实验室内采用张力计法测定土壤水分特征曲线的优点为操作简单、测量周期短、测量精度较高，并且可以测得原状土壤的土壤水分特征曲线，但其劣势为测量范围较小。压力膜法可用于在整个含水量范围内测量土壤水分特征曲线，但缺点是测量周期长且仪器昂贵，压力过程会影响土壤样品，从而影响测量精度。采用离心法操作简单、测量周期短，测量范围较大，但劣势为离心过程对土样产生影响进而影响了测量精度。

在野外，土壤水分特征曲线主要通过张力计法测量，但是由于其有限的测量范围（0 ～ 0.08MPa），只能获得较小范围的土壤水分特征曲线。此外，由于试验场地的限制，田间土壤水分特征曲线的测量精度较低。近年来，已有研究结合 TDR 和张力计来确定田间土壤水分的特征曲线[43]。Baumgartner 等[44] 在 1994 年测定田间土壤水分特征曲线的工具是由薄不锈钢电极和不锈钢多孔材料构成的两个标准平衡探针，但该测量方法由于探针的位置无法保持一致，导致测量结果误差较大。1999 年，Noborio 等[45] 将该仪器进行改进，将 TDR 探针的一部分插入由多孔结构组成的石膏块中进行试验，试验结果的误差在可接受范围内，但由于所用的工具反应时间较长，且温度与滞后效应对多孔材料的影响机理及影响程度不明确，导致了仍不能在大范围内在田间测定土壤水分特征曲线。2002 年，Vaz 等[46] 将张力计的陶土头套上线圈样式的 TDR 探针，采用频域发射法（TDR）和张力计法同时测定土壤水分特征曲线，该方法在一定程度上减少了测量误差，但在田间使用时仍受到一定的限制。

（2）间接获取法

由于采用直接测定方法测定土壤水分特征曲线存在测试时间长、试验成本高、难以得到确切函数等缺陷，采用间接方法获取土壤水分特征曲线成为人们关注的重点。根据确定土壤水分特征曲线的原理不同，间接方法分为经验公式法[47]、物理 - 经验模型法[48]、分形几何法[49]、数值反演法[50] 和土壤传递函数法[51]。

1）经验公式法

经验公式法是指利用张力计、压力膜仪、离心机等仪器测得土壤水分特征曲线，并假定土壤水分特征曲线可以近似地用含有有限个未知参数的数学模型来表达[52-53]。土壤水分特征曲线经验公式主要有 Brooks-Corey（BC）模型[54]、van-Genuchten（vG）模型[55] 和 Fredlund-Xing（FX）模型[56-57]。

Brooks-Corey 模型：

$$s_e = \frac{\theta - \theta_r}{\theta_s - \theta_r} = \begin{cases} (\alpha h)^{-\lambda} & , \alpha h > 1 \\ 1 & , \alpha h \leqslant 1 \end{cases} \tag{1-1}$$

式中　s_e——有效饱和度；

　　　θ——体积含水率，%；

　　　θ_r——残余含水率，%；

　　　θ_s——饱和含水率，%；

　　　α——土壤进气吸力的倒数，1/cm；

　　　h—— 压力水头，cm；

　　　λ——曲线形状参数。

van-Genuchten 模型：

$$s_e = \begin{cases} \left(1 + |\alpha h|^n\right)^{-m} & , \alpha h > 1 \\ 1 & , \alpha h \leqslant 1 \end{cases} \tag{1-2}$$

式中 α——土壤进气吸力的倒数，1/cm；

  m、n——曲线形状参数，$m = 1 - \dfrac{1}{n}$。

Fredlund-Xing 模型：

$$\theta = \left[1 - \frac{\ln\left(1 + \dfrac{\varphi}{C_r}\right)}{\ln\left(1 + \dfrac{10^6}{C_r}\right)} \right] \frac{\theta_s}{\left\{ \ln[e + (\varphi\alpha)^n] \right\}^m} \qquad (1\text{-}3)$$

式中 φ——基质吸力，hPa；

  C_r——残余含水率所对应的吸力值，一般取 10^5kPa；

  α——描述土壤进气吸力的参数，1/cm；

  m——描述土体剩余含水量的参数；

  n——描述土壤水分特征曲线斜率的参数。

Leong 等[58]认为上述经验模型在不同的条件下可以相互转化，就其所提供的数据而言，在所有的模型中，FX 模型拟合的吸力范围最广，精度最高；Lu Ling 等[59]比较了 BC、vG、FX 模型对淤泥土和冰渍土土壤水分特征曲线的拟合结果，并进行分析，发现 vG 模型和 FX 模型在较大吸力范围内拟合效果较好；栗现文等[60]对高矿化度土壤水分特征曲线及拟合模型适宜性进行分析，针对不同处理浓度土壤水分特征曲线拟合模型分别为 vGM、DPM、LNDM 模型。

2）物理 - 经验模型法

土壤水分特征曲线的物理 - 经验模型以土壤粒径分布曲线与土壤水分特征曲线的相似性为出发点，建立了土壤粒径分布和土壤水分特征曲线。这样做的意义在于，它使用了连续的粒度分布，而不仅仅是三种粒度分类（砂粒，粉粒，黏粒）。Arya 和 Paris[61]认为土壤是由球形土壤颗粒和圆柱形毛细管组成的多孔介质。根据土壤粒径分布、孔隙率、容重和土壤粒径计算出每种粒径所对应的含水量和孔隙分布，结合 Young-Laplace 方程计算毛细水上升的高度，来预测非饱和土壤水分特征曲线。随后，Arya 等对 Arya-Paris 物理经验模型进行了进一步改进。除了使用常数形式的参数外，他们还提出了用相似性方法和逻辑增长方法来反算随粒径变化的经验参数。Kern[62]通过比较已有模型，得出给定水头条件下用 Rawls 模型、Saxton 模型和 Vereecken

模型计算所得误差较小，而 Gupta-Larson 模型和 Cosby 模型误差较大的结论。张均华等[63] 以太湖地区水稻土实测土壤基本理化参数和土壤水分特征曲线为基础，对 13 种物理 - 经验模型进行评估，结果表明基于性质相似性的物理 - 经验方法预测效果优于分形几何法，但相较于 Kravchenko-Zhang 分维法和 Brooks-Corey 孔隙表面分形模型，预测效果较差。物理 - 经验模型法在应用过程中由于不同阶段拟合效果较差[64]、所需实测数据多[65] 而受到限制。该方法的缺陷在于经验参数变化对于土壤粒径分布有较大的敏感性[66]。

3）分形几何法

分形几何法是指根据土壤结构形成的物理机理研究土壤结构的复杂性，利用法国数学家 Mandelbrot 建立的分形几何理论建立土壤水分特征曲线的孔隙、质量和表面分形模型[67-70]。

自相似性和尺度不变性是一个分形物体最重要的特征，也就是物体不规则程度不随观测尺度而变化。因此，分形维数是描述不规则物体或分形体特征的最重要的指标，分形维数不同，物体的动态演化过程就不同。土壤可以近似为一种分形体，分形模型为 Campbell 模型提供了合理的物理解释，开辟了土壤水力参数选取和确定的新途径[71-72]。目前，对于分形几何法的应用研究主要集中在土壤水分特征曲线。1995 年，Crawford 等[73] 发展了分形几何模型，运用该方法推求出土壤水分特征曲线 Brooks-Corey 模型参数；1998年，Kravchenko、Zhang[74] 运用分形几何法拟合得出多条完整的土壤水分特征曲线；刘建国等[75] 利用分形几何学理论建立土壤含水率与水力特性之间的函数关系，并成功预测了土壤保水率和水力传导率；徐绍辉等[76] 计算了十种不同质地 526 个土样的平均分形维数，结果表明，土壤质地越细分形维数越大，分形维数随着 van-Genuchten 模型参数 n 的增大而减小，采用分形几何法对粗质地土壤水分特征曲线的预测精度优于细质地土壤；王展等[77] 应用分形几何法对辽东半岛棕壤土壤水分特征曲线进行预测，结果表明分形几何法对黏粒、粉粒含量较少的粗质地土壤预测效果较好。分形几何方法将土壤质地与土壤水分特征曲线的经验模型相结合，为土壤水分特征曲线的经验模型引入了明确的物理意义。然而，不合理的假设条件，缺乏土壤化学和流体性质的假设中存在局限性。

4）数值反演法

数值反演法是指通过给数学模型中未知参数赋值，运用解析方法或数值方法对数学模型进行正问题求解，然后将计算值与实测值进行比较，并求出相应方差，反复修改参数值，直至方差达到最小值，从而得到土壤水分特征曲线模型中的参数[78]。其中最优化技术主要有单纯形法[79]、0.618优选法和最小二乘法。

1.3.3　水力运动参数影响因素研究进展

在获得土壤水力运动参数的方法的研究中，发现其经验模型的参数受许多因素的影响，包括土壤质地、结构、有机质含量、无机盐含量、温度等。同时，构造原状土壤水力运动参数模型参数土壤传递函数的关键是确定各模型参数的影响因素，分析各影响因素对模型参数的影响机理，然后确定主导因素和次要因素。在此基础上，提高了土壤水力运动参数模型参数土壤传递函数的预测精度。因此，针对不同影响因素对土壤水力运动参数的影响研究逐渐成为研究的焦点。

① 土壤质地为影响土壤水力运动参数的首要因素。

土壤质地不同，土壤内孔隙大小、分布、连通性均有较大差异。质地较粗的土壤，大孔隙多，中小孔隙较不发育，土壤内部孔隙结构较疏松，连通性较好，土壤中水分在运动过程中的运动路径较短，水分运动时所受的毛管力和摩擦力小，表现为随着吸力的增大，土壤非饱和导水率快速变化；土壤颗粒失水时所需吸力较小，表现为土壤水分特征曲线进气值较小而斜率较大。质地较细的土壤，大孔隙少，中小孔隙发育，土壤内部结构较为密实，连通性较差，土壤中水分在运动过程中运动路径较长，水分在运动时所受的毛管力和摩擦力较大，表现为随着吸力的增大，土壤非饱和导水率缓慢减小；由于水分在运动时所受的吸力较大，表现为土壤水分特征曲线进气值较大。唐振兴等[80]以黑河上游山区土壤为研究对象，以土壤机械组成、容重及土壤平均粒径作为分析因子构建了对该地区有实际应用价值的土壤传递函数；高惠嫣等[81]以重壤土、中壤土、轻壤土、紧砂土和粗砂五种不同质地土壤水分特征曲线机器模型参数分析为基础，发现粗砂的土壤水分特征曲线变化最陡直，其余四种质地的土壤水分特征曲线变化较平缓，曲线的形状系数 n 随着粒径变大、黏粒含量降低而变大，重黏性土壤的 α 值较小，轻壤土的 α 值较大；赵雅琼等[82]以四种不同粒径的土壤为研究对象，用 van-Genuchten、Gardner 和 Fredlund-Xing 三种模型对实测土壤水分特征曲线进行拟合,结果表明,土壤粒径越小,其孔隙结构越密实,中小孔隙增多且连通性变差,土壤具有较高的进气值和良好的持水性能,通过对比分析,得出 Fredlund-Xing 模型是描述土壤水分特征曲线的最佳模型的结论。

② 土壤结构对土壤水力运动参数亦有十分重要的影响。

以土壤容重为土壤结构表征值。土壤容重越小,土壤结构越松散,并且在土壤聚集体之间形成的孔越大,土壤孔隙连通性较好,土壤水分在运动过程中运动路径较短,所受毛管力和摩擦力小,表现为随着吸力的增大土壤非饱和导水率显著减小;当吸力较小时,土壤中的水可以快速排出,从而使土壤水的特征曲线吸气值较小,并且曲线较陡。土壤容重越大,土壤结构越致密,大孔的数量急剧减少;土壤颗粒间的中小孔隙数量增多,导致土壤非饱和导水率随吸力的增大缓慢减小;土壤中中小孔隙的增多使得水分排出时所需的吸力增大,从而使得土壤水分特征曲线表现出较为平缓的趋势。容重对土壤非饱和导水率影响的研究十分匮乏,但诸多学者研究了容重对土壤水分特征曲线的影响。吕殿青等[83]分析了不同压实条件下扰动土壤的土壤水分特征曲线变化规律,发现随着容重的增加,土壤有效饱和度增加,土壤水分特征曲线坡度变得平缓;李卓等[84]分析了容重对土壤贮水量的影响,证明了特征性土壤含水量随土壤容重的增加而降低,土壤水分特征曲线随容重的增加而趋于平缓。

土壤有机质含量、盐分含量对土壤水力运动参数也具有一定的影响作用,但影响效果不如土壤质地和土壤结构明显。单秀枝等[85]分析了有机质含量对土壤水动力学参数的影响,研究结果表明有机质含量与土壤水动力学参数有显著的函数关系。高会议等[86]对比研究了不同施肥土壤水分特征曲线、持水性、供水性及土壤水分的有效性,研究结果表明长期施肥导致土壤水分特征曲线存在明显差异。有机质含量对土壤水力参数影响的机理是:土壤有机质含量的增加改变了土壤的内部结构状况,改善了土壤胶体状况,增强了土壤的吸水能力,促进了土壤水分的吸收和保持。

对于盐分含量对土壤水力运动参数的影响,谭霄等[87]以不同浓度、不同种类含盐量土壤的土壤水分特征曲线为研究对象,研究了不同含盐量对土壤水分特征曲线的影响程度、不同盐分离子对土壤水分特征曲线的影响程度;王丽琴等[88]采用室内测试与离心机法,对黄河三角洲盐碱地造林后的土壤水分特征曲线、土壤物理性质及其相关性进行分析，分阶段阐述了盐分含量对土壤水分特征曲线的影响。盐分离子对土壤水力运动参数的影响机理为盐分含量改变了土壤内部的结构状况，对土壤水分的吸附能力产生影响，进而对土壤水力运动参数产生影响。

随着研究的进一步深入，多位学者开始研究温度对土壤水力运动参数的影响。陈宸等[89]测试了不同温度条件下粉砂质土壤的土壤水分特征曲线，试验结果表明随着温度的升高，砂土的持水性能下降，在同一吸力条件下，含水率呈现线性下降的趋势，温度对粉砂土壤水分特征曲线的影响在中间阶段相对较大，对初始阶段和残余阶段的影响相对较小。

土壤非饱和导水率受许多因素影响[90]，例如土壤粒径分布、有机质含量、容重、黏粒含量、粉粒含量、土壤结构[91]和阳离子交换能力。许多研究人员将这些因素与诸如土壤水分特征曲线模型和水力传导率模型之类的参数相关联。Schun[92]研究了土壤特性对水电导率和水含量之间关系的影响，并得出结论，砂粉比几何平均粒径（GMD）和几何平均标准偏差（GMDS）与土壤水力传导率与低吸力下的水传导率相关，容重主要用作颗粒大小的指标。Schun[93]研究了土壤特性对非饱和导水率相互作用因子的影响。

土壤水分特征曲线反映了土壤吸水量与含水量之间的关系。当吸力增加时，土壤孔隙中的水被排出。平衡状态下土壤保留的水量是孔径和其体积的函数，也是土壤基质吸力的函数，因此它必然受到土壤质地[94]、土壤结构[95-96]和土壤有机质含量[97-99]的影响。对于质地相同的土壤，土壤结构和土壤有机质含量在土壤水分特征曲线中起着关键作用，在低吸力范围内尤为明显[100]。吕殿青等[83]研究了容重变化对土壤水分特征的依赖性，发现在相同吸力下，土壤容重越大，高黏土含量土壤的有效饱和度越高[101]。近年来，诸多学者开始研究温度对土壤水分特征曲线的影响[102-104]。高红贝等[105]研究了温度对土壤水力运动参数的影响，发现温度对土壤水分特征曲线的影响主要是通过改变土壤孔隙结构以及土壤水分的表面张力和密度而发生作用。

目前，对水力运动参数的影响因素研究对象主要集中在室内试验扰动土壤，而对原状土壤的研究较少，但土壤被扰动后其孔隙大小、分布、连通性与原状土壤差异十分显著[106-107]，土壤水力运动参数亦相差较大[108]，因此，研究原状土壤水力运动参数的影响因素具有十分重要的作用。新型仪器的产生，对原状土壤的水力运动参数的研究起到了十分重要的作用。

1.3.4 土壤传递函数研究进展

土壤传递函数法由 Bouma[109] 在土地定量化评价中首次引入，是应用最为广泛的一种间接方法。通过采用某种算法（如多元线性回归分析、非线性分析、人工神经网络、支持向量机等）构建土壤基本理化性质与土壤吸力和含水率之间的关系[110]。根据数据输出的形式不同，分为点估计和参数估计[111-112]。

点估计模型是根据土壤的物理性质，借助不同的算法估算给定压力水头下的土壤含水率或非饱和导水率。点估计的输出结果是特定水头条件下的土壤含水率或非饱和导水率。该模型多出现在早期的研究中[113-114]。Gupta 和 Larson[115] 分别提出了多种估算定水头条件下土壤含水率的回归方程。点估计模型的优点在于它可以准确地预测土壤水分特征曲线上特定点的含水量，并且还可以清楚地看到哪些因素与估计该点的含水量最相关。但是，为了获得相对完整的水特征曲线，通常需要建立大量的回归方程。

参数估计是在土壤水力运动参数可以用特定经验公式来表征的基础上，根据土壤的理化性质，借助不同的算法得到土壤理化性质与这些模型参数间的回归关系。参数估计的输出结果是特定经验公式中的参数，如 van-Genuchten 模型中的参数 α、n，Cosby 等、Saxton 等分别构建了土壤水力运动参数与土壤质地的幂函数关系；Wösten 等[116]、Vereecken 等[117] 在 van-Genuchten 模型参数与土壤质地、容重和有机质含量之间建立了多元线性回归关系。参数估计模型比点估计模型更直接，因为预测的经验参数可以直接在仿真程序中使用。根据 Kern[118]，当压力水头为 10kPa、33kPa 和 1500kPa 时，使用 Rawls 模型、Saxton 模型和 Vereecken 模型计算的含水量的平均误差很小；Gupta-Larson 模型和 Cosby 模型等预测的含水量平均误差较大。因此，他建议使用 Rawls 模型来表征土壤含水量与压头之间的关系。Wosten 等[119] 基于俄克拉何马州的实验数据，研究了 21 种土壤传递函数的预测效果，发现点估计模型的精度通常高于参数估计模型。

近几十年来的研究表明，利用土壤的基本特性（例如土壤质地、容重和有机质含量）来预测土壤水力运动参数的土壤传递函数可以基本满足水文模型和土壤水力运动的基本精度要求。土壤传递函数构建方法的研究一直是土壤学研究的热点。加利福尼亚大学河滨分校于 1989 年和 1997 年举办了两次国际会议，讨论间接方法在预测土壤水力特性中的应用。目前，土壤传递函数的构建方法主要包括线性回归分析法、非线性回归分析法和机器学习算法。

（1）线性回归分析法

线性回归分析方法是通过使用多个线性方程建立土壤理化参数与土壤水力运动参数之间的相关性的方法。从 1980 年开始，国内外学者对线性回归分析方法的研究都围绕着土壤水力运动参数展开。其中，土壤水分特征曲线覆盖面较广。1979 年，Gupta 和 Larson 首次利用线性回归方法以土壤砂粒含量、粉粒含量、黏粒含量、容重和有机质含量为输入参数对特定压力水头下的土壤含水率进行预测，构建了 Gupta-Larson 模型[120]。随后，该方法被各国多领域学者相继利用，对所在区域的土壤水力性质进行预测，均获得了较好的效果。朱安宁等[121]使用多元线性回归分析方法估算轻质土壤水分特征曲线，构建了不同吸力条件下轻质土壤水分的线性土壤传递函数；杨靖宇[122]构建了河套灌区 van-Genuchten 模型参数、Brooks-Corey 模型参数的线性土壤传递函数；黄元仿等[123]对华北平原大量参考资料进行统计分析，建立了适于大面积区域不同吸力条件下，土壤含水率的线性土壤传递函数，但其基础理论薄弱，可能出现部分回归参数预测精度低的现象；廖凯华等[124]根据大沽河流域的土壤样品，在土壤质地的物理和化学参数、容重、有机质含量和土壤水力运动参数之间建立了线性土壤传递函数，结果表明，该方法可以实现土壤水力运动参数的获取，但相对误差大，预测精度不高，使用范围有限；之后，廖凯华等使用压力膜仪器法测量土壤水分特征曲线，建立了基于点估计的土壤传递函数和基于参数估计的土壤传递函数，并与 Rawls 所构建的土壤传递函数及 Vereecken 所构建的土壤传递函数进行了对比，结果表明，两种方法均可实现土壤含水率的准确获取，预测精度高，预测效果好；刘继红[125]构建了河南封丘土壤 van-Genuchten 模型参数的土壤传递函数，发现黏土预测效果最好。随着研究的不断深入，线性回归分析方法被用于预测土壤容重、田间持水率和枯萎系数等土壤特征参数。门明新等[126]基于河北省的土壤普查数据，拟合了 13 种不同容重土壤的线性土壤传递函数；段兴武等[127]以东北地区的 23 种黑色土壤为研究对象，建立了以土壤粉粒含量、黏土含量、有机质含量和容重为自变量的土壤持水量的线性回归模型；吕玉娟[128]以耕地紫色土为研究对象，以土壤质地、容重和有机质含量为自变量；引入枯萎系数和田间持水量，建立了土壤水分线性回归模型，预测精度高，预测效果好。

采用线性回归法构建土壤水力运动参数土壤传递函数结构简单明了，易于推广应用，但忽视了土壤水力运动参数与土壤理化性质间的非线性关系，导致过度参数化，预测精度低，应用范围受到限制。

（2）非线性回归分析法（nonlinear regression analysis method，NRAM）

由于土壤水力运动参数与土壤理化性质间的非线性关系，非线性回归分析法被提出，并逐渐取代了线性回归分析法。目前，非线性回归分析法主要针对土壤水分特征曲线和饱和导水率的预测问题。Saxton 等[129]、Minasny 等[130] 对土壤水分特征曲线参数线性预测的基础上，进一步研究了不同吸力条件下土壤质地、容重、有机质含量与土壤水分特征曲线模型参数间的非线性关系，通过与线性分析结果进行对比，发现采用非线性分析法拟合结果与实测曲线吻合度较高。

黄元仿等构建了针对土壤理化参数和 van-Genuchten 模型参数的非线性土壤传递函数，并通过分析发现有机质含量对模型参数的影响不显著。贾宏伟[131] 基于甘肃石羊河流域的大量样本，根据土壤的基本理化参数，如土壤质地、容重和有机质，建立了土壤饱和导水率土壤传递函数；张均华等[132] 以常熟水稻土壤样本为基础，对已有的 9 种饱和导水率土壤传递函数系数进行优化，重新构建了土壤传递函数，通过对预测结果进行分析，认为 CosbyPTF 对土壤饱和导水率的预测效果最好；施枫芝等[133] 对 4 种饱和导水率土壤传递函数的预测精度、拟合度和预测误差进行了比较分析，得出的结论是，Campbell-PTF 适用于干旱地区饱和导水率的预测；樊贵盛团队[134-136] 讨论了基于非线性回归分析方法构建土壤持水率、土壤水分特征曲线和土壤水分入渗模型参数的可行性，在清晰易懂的基础上，大大提高了预测精度。

利用非线性回归分析构建土壤传递函数具有一定的物理意义，该方法不仅限于训练样本数据本身，具有广阔的应用空间。

（3）机器学习算法

随着计算机技术的飞速发展，以人工神经网络为代表的机器学习算法的兴起，极大地提高了土壤传递函数的预测精度。人工神经网络（artificial neural network，ANN）指一种数学模型，它通过抽象地模拟动物神经网络来处理数据信息。人工神经网络模型及其算法应用范围十分广泛，尤其是在工业生产领域，已成为广大科研工作者的研究热点。随着研究的不断深入，对于人工神经网络的研究已取得了长足的进展，但其发展过程却一波三折。1943 年，心理学家 W. S. Mculloch 和数学家 W. Pitts 首次提出了人工神经网络，在大脑神经元网络结构及活动行为与数学应用相结合的基础上建立了 MP 模型，并沿用至今。1949 年，心理学家 D. O. Hebb 提出了 Hebb 法则，即神经网络算法规则 - 调整神经网络的权值，奠定了神经网络学习算法的基础。1958 年 F. Rosenblatt 首次通过"感知机"模型完成了从单层神经网络向三层神经网络的过度，使得神经网络的理论化得以实施。然而，20 世纪 60 年代后，随着 Von Neumann 型计算机的发展，美国科学家 M. Minsky 和 S. Papert 否定了多层神经网络的应用前景，使得神经网络的发展就此停滞不前。1982 年，美国物理生物学家 John. J. Hopfield 首次将互联神经网络的概念引入了能量函数的概念，提出了 Hopfield 神经网络模型，成功地解决了数字计算机无法实现人工智能的问题。随后，Hopfield 再次提出了连续时间 Hopfield 模型，为神经网络进入联想学习模式、优化计算模型开拓了新的途径。为了克服多元线性回归、多元非线性回归模型的不足，1996 年，Pachepsky 等 [137] 首次将人工神经网络应用于土壤传递函数的构建。随后，Schaap 和 Bouten[138]、Koekkoek 和 Booltink[139]、Borgesen 和 Schaap[140] 先后探讨了人工神经网络方法在土壤水力性质预测中的适用性。目前，人工神经网络方法被应用于获取土壤水分特征曲线、饱和导水率、田间持水率等多个土壤特征水力参数。

王志强 [141] 在人工神经网络层数、模型参数确定的基础上，建立了科尔沁沙地土壤水力特性参数的土壤传递函数，认为建模阶段非线性回归模型预测效果优于人工神经网络模型，但在验证阶段人工神经网络模型预测效果优于非线性回归模型，即非线性回归模型训练能力强但泛化能力弱；2004 年，王志强等 [142] 采用改变自变量的方法构建了饱和含水率和田间持水率的人工神经网络模型，结果表明所构建的 BP-PTFs-log 函数的训练能力、泛化能力均优于以砂粒含量、粉粒含量和黏粒含量为自变量的 BP-PTFs；高如泰等 [143] 以土壤质地、容重、有机质含量为自变量，建立了黄淮海冲积平原潮土区土壤饱和含水率、给水度的土壤传递函数，结果表明不同土层、不同水力特征参数的土壤传递函数均不同，且 BP 模型的预测效果最佳；胡振琪等 [144] 建立了复垦区 van-Genuchten 模型参数土壤传递函数，克服了传统人工神经网络模型拟合过程中局部极小值的问题。

近年来，随着统计学知识的发展和完善，支持向量机模型（support vector machine method, SVM）逐渐成为新的研究热点[145]。支持向量机模型克服了人工神经网络过学习、易陷入局部拟合等缺陷，在研究小样本、非线性和高维度问题方面效果好，一经提出便得到广泛应用。王景雷等[146]利用支持向量机理论对区域地下水位进行预测，结果表明支持向量机模型运行速度快、泛化能力强；吴景龙等[147]利用支持向量机理论对短期电力负荷进行预测，结果表明支持向量机模型预测效果优于人工神经网络模型；杨绍锷和黄元仿[148]以土壤粒径分布、容重、有机质等土壤理化参数为自变量，运用支持向量机构建了土壤饱和导水率、饱和含水率、残余含水率及 van-Genuchten 模型参数对数形式的土壤传递函数，结果表明运用支持向量机方法预测土壤水力学参数是可行的。

随着科技的不断进步，新的机器学习算法不断涌现出来，如近邻算法、贝叶斯神经网络算法等。随后的遗传算法（genetic algorithm, GA）、粒子群优化算法（particle swarm optimization, PSO）等优化算法更是在很大程度上进一步提升了机器学习算法土壤传递函数的预测精度。张瑶等[149]采用基于遗传算法优化的 BP 人工神经网络模型实现了土壤中氮素含量的准确、快速获取；孙波等[150]利用遗传算法进行支持向量机模型参数寻优，实现了大范围内土壤湿度的高精度获取；郭李娜等[151]采用网格搜索和交叉验证的方法优化了支持向量机模型中的参数，实现了土壤容重的高精度获取。与线性回归分析法、非线性回归分析法相比，机器学习算法不需要先验假设，而是通过迭代的方法达到自变量与因变量间的最优关系，从理论上能够从自变量中提取最大程度的信息，进而能够构建预测精度更高的土壤传递函数。

建立土壤传递函数的基础是数据库。样本容量和代表性以及测量数据的准确性决定了土壤水分特征曲线和非饱和导水率的预测准确性。土壤传递函数法的主要缺点是它具有明显的区域特征，即在一个地方建立的 PTF 可能不适用于其他地区。但随着数据库的不断完善，新的土壤传递函数不断构建，包括的土壤类型与地区也更加全面。

目前，土壤非饱和导水率的经验公式基本上是从土壤水分特征曲线和土壤饱和导水率推导而来。现有关于土壤传递函数研究的大部分研究对象是土壤水分特征曲线和饱和导水率，而对土壤非饱和导水率的研究非常匮乏。

1.3.5　非饱和土壤水力运动参数传递函数需完善和解决的问题

综合国内外研究学者对土壤水力运动参数影响因素、土壤传递函数的研究进展，土壤水力运动参数模型参数传递函数的研究取得了可喜的进展，但由于问题本身的复杂性、测试仪器设备的限制以及研究的滞后性，许多问题都有待进一步的深入研究。在黄土土壤水力运动参数模型预测参数传递函数方面，存在以下问题亟待解决：

（1）对原状黄土土壤水力运动参数影响因素的研究缺乏综合性和系统性

尽管国内外对土壤水力运动参数影响因素的研究取得一定进展，但研究目的不同、考虑因素单一，且研究多以扰动土壤室内试验为基础。

（2）对原状黄土土壤水力运动模型参数传递函数的研究还不深入

就目前的研究手段而言，研究出具有普适意义的土壤传递函数存在很大困难，但提出有关黄土土壤水力运动模型参数还是十分可行的。截至目前对原状黄土土壤水力运动模型参数传递函数的研究其少。

（3）对非饱和导水率传递函数的研究十分匮乏

目前，对于非饱和导水率的研究大多数均基于土壤水分特征曲线与Burdine模型和Mualem模型间接推导，直接获取非饱和导水率与土壤吸力（含水率）间的关系研究其少，对原状黄土土壤非饱和导水率传递函数的研究则更为匮乏。

（4）对土壤扩散率传递函数的研究十分匮乏

目前，尚无研究学者对土壤扩散率与土壤吸力间的关系进行直接研究，对原状黄土土壤扩散率土壤传递函数的研究更为匮乏。

1.4　构建水力运动参数土壤传递函数的方案

1.4.1　研究内容

针对非饱和土壤水力运动参数经验模型参数传递函数需完善和解决的问题，本书以大量原状黄土土壤水分特征曲线和非饱和导水率测定试验为依据，对原状黄土土壤水力运动参数与预测模型参数传递函数构建进行系统性的研究。主要的研究内容如下：

（1）原状黄土表征土壤水分特征曲线、非饱和导水率物理指标和土壤常规理化参数的数据样本库

通过土壤水分特征曲线、非饱和导水率测定试验和相应土壤常规理化参数规模化系列测定试验，建立包含黄土土壤含水量、水吸力、导水率、土壤质地、土壤结构和有机质等指标的数据样本库。

（2）建立黄土非饱和导水率经验模型参数的土壤传递函数

在对表述原状黄土土壤非饱和导水率土壤经验模型（二参数幂函数模型、三参数幂函数模型和二参数指数函数）参数主导因素进行充分分析的基础上，确定土壤传递函数的自变量，建立黄土土壤非饱和导水率模型参数土壤传递函数，并进行土壤传递函数模型比选。

（3）建立原状黄土土壤水分特征曲线经验模型参数土壤传递函数

在对原状黄土土壤水分特征曲线经验模型（Brooks-Corey 模型、van-Genuchten 模型和 Fredlund-Xing 模型）参数主导因素进行充分分析的基础上，确定土壤传递函数的自变量，建立原状黄土土壤水分特征曲线模型参数土壤传递函数，并进行土壤传递函数模型比选。

（4）原状黄土土壤扩散率二参数指数函数经验模型参数土壤传递函数研究

在原状黄土土壤非饱和导水率和土壤水分特征曲线获取的基础上，建立原状黄土土壤扩散率二参数指数函数模型参数土壤传递函数，并进行土壤传递函数模型比选。

（5）温度对原状黄土土壤非饱和导水率、土壤水分特征曲线影响的探讨

在所有土壤样本中，随机选择 8 个质地不同的土样，在恒温箱中进行不同温度土壤非饱和导水率、土壤水分特征曲线的测定，探讨温度对原状黄土土壤非饱和导水率、土壤水分特征曲线的影响。

1.4.2　技术路线

① 在国内外土壤水动力学运动参数研究动态及其发展趋势进行充分了解和认知的基础上，确定选题、研究目标和内容。

在对国内外土壤水力运动参数获取方法、原状土土壤水力运动参数影响因素及传递函数研究进展进行归纳和总结后，总结分析在该领域研究的不足与缺失。针对所存在的不足与问题，确定了研究目标和内容。

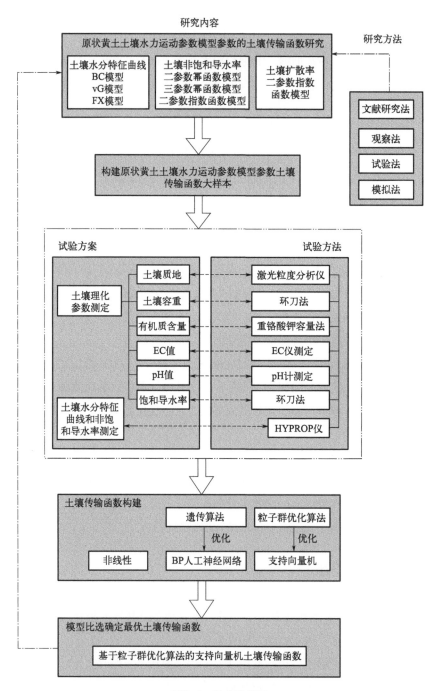

图1-1 技术路线图

② 试验方案拟定和实施。根据所确定的研究目标和内容，进行试验方案的设计，分为原状黄土土壤水分特征曲线和非饱和导水率的测定试验与室内理化参数测定试验。

③ 土壤传递函数建设所需大样本构建。基于试验数据试验结果分析处理构建其数据样本。

首先，利用 HYPROP-FIT 软件和 MATLAB 软件进行原状黄土土壤水分特征曲线 Brooks-Corey 模型（BC）、van-Genuchten 模型（vG）和 Fredlund-Xing 模型（FX）与非饱和导水率二参数幂函数、三参数幂函数和二参数指数函数模型的拟合，得到经验模型参数。其次，与试验组土壤质地、结构、有机质含量等数据配套，构建数据大样本。

④ 黄土水力运动参数经验模型参数土壤传递函数的构建。

首先，进行土壤质地、结构、有机质含量对原状黄土土壤水分特征曲线与非饱和导水率的定性分析，并分析其机理。其次，构建了原状黄土土壤非饱和导水率的基于遗传算法的 BP 神经网络（GA-BP）和基于粒子群优化算法的支持向量机（PSO-SVM）土壤传递函数与土壤水分特征曲线的多元非线性（NRAM）、GA-BP 和 PSO-SVM 土壤传递函数，并进行传递函数的优化选取，确定了原状黄土土壤水力运动参数预测模型参数的最优土壤传递函数。

⑤ 形成结论。基于以试验、分析、拟合与比选所形成的结果，形成本书的结论。

本书的技术路线图如图 1-1 所示。

第2章

试验条件与方法

黄土土壤是一种距今约 200 万年的第四世纪时期所形成的土状堆积物，是在干燥的气候条件下所形成的具有柱状节理的多孔性黄色粉性土。黄土土壤结构松散，孔隙多而大，土壤含水量小，具有湿陷性。在世界上，黄土分布十分广泛，约占全球陆地面积的 1/10，呈东西向带状断续分布，而中国是世界上黄土分布最广、厚度最大的国家。因此，本章将黄土作为研究对象，试验包括土壤水分特征曲线测定试验、非饱和土壤导水率测定试验和室内理化参数测定试验。所有试验土壤全部为野外原状土壤。试验于 2017 年 4 月～ 2019 年 4 月进行。

2.1 取样点布设

基于所取原状土具有较好代表性及全面性、研究结果或成果具有普遍意义的考虑，在取土点布设着重考虑如下几个方面：在地表空间位置上布设不同高程的取样点，在土地利用方面布设耕地、非耕地、灌溉土地、非灌溉土地、天然黄土崖、林地等取样点；在地面以下非饱和土壤层到地下水位剖面上分耕作层、犁底层、心土层和底土层分层布设取土点位。据此原则选定山西省晋中市祁县汾河灌区为冲洪积平原区的代表区、山西省吕梁市交城县为非林区、非灌溉土地的典型区和山西省晋中市寿阳为山丘区、沟地和天然黄土崖的代表区。本书试验的土壤水分特征曲线与非饱和土壤导水率测定试验原状土壤样本主要来自祁县、交城、寿阳 3 个区域取土点。取土点布设从平川到山区，从土壤土类、土属、土种、土壤质地、土壤密度和其他理化性质指标都有宽广的变化，共布设 103 个取土层、点。选定的 3 个取土区域地形地貌、气候、取样主要点位如下。

① 汾河灌区地理位置 E110°31.409′～112°14.467′，N36°40.224′～37°19.300′，海拔 747～755m，属温带大陆性气候，年平均降水量448.1mm，年平均气温 9.9℃，年平均日照时数 2675h，无霜期 171.2d。地貌类型为冲洪积平原，土地利用主要为耕作灌溉地类。布设 3 个取样点，挖掘 3m 深的代表性剖面：汾河灌区昌源河河滩、西山湖南、西山湖北。所取土样按土壤自然发生层分布在不同深度土层进行，昌源河取样点取土深度达到 3m，西山湖南与西山湖北由于地下水埋深小于 2.5m，故取土深度为 2m。

② 交城县研究区域位于 E112°4.952′～112°15.354′，N37°31.071′～31°33.547′，海拔 771～959m，属暖温带大陆半干旱性气候，年降水量 440～700mm，年平均气温 7℃，年平均日照时数 2743h，无霜期为 100～161d。选取 8 个有代表性的剖面：卦山回填土壤、森林土壤、卦山脚下玉米地土壤、洪相试验田土壤、成村试验田土壤、段村试验田土壤、梨园多年生土壤和耕种玉米地土壤。取样时按 0～10cm、10～20cm、20～40cm 和 40～60cm 分层取样。

③ 寿阳县研究区域位于 E113°7.173′～113°9.964′，N37°44.768′～37°51.858′，海拔 983～1060m，属温带大陆性气候，年平均降水量 518.3mm，年平均气温 7.4℃，年平均日照时数 2858.3h，无霜期 140d 左右。在试验点选取 8 个有代表性的剖面：耕种玉米地土壤、河滩玉米地土壤、河滩地土壤、沟地土壤、冲洪积沟地土壤、深层黄土地土壤、丘陵玉米地土壤和松塔水库黄土崖土壤。取样时按 0～10cm、10～20cm、20～40cm 和 40～60cm 分层取样，部分取样点取土深度达到 2m。

2.2 研究区试验条件

本章试验包括土壤水分特征曲线测定试验、非饱和土壤导水率测定试验和室内理化参数测定试验。

2.2.1 供试材料

2.2.1.1 样本土壤条件

试验土壤于春耕前与秋收后在 3 个主要取土区域进行取样。取样样本土壤质地、土壤结构、土壤有机质含量和土壤其他理化性质分述如下。

（1）土壤质地

土壤质地是反映不同粒径土壤颗粒机械组成的指标。按照国际制土壤分类标准进行土壤质地分类（黏粒粒径：<0.002mm，粉粒粒径：0.002～0.02mm，砂粒粒径：0.02～2mm）。所取样本土壤质地主要包含砂

土、砂质壤土、粉砂质壤土、粉砂质黏壤土、壤土和黏土六种质地。土壤黏粒含量 δ_1 变化范围为 $0 \sim 46.935\%$，变异性系数（CV）为 80.9%，属于较强变异性；粉粒含量 δ_2 变化范围为 $0 \sim 78.415\%$，变异性系数（CV）为 49.5%，属于较强变异性；砂粒含量 δ_3 变化范围为 $12.006\% \sim 100\%$，变异性系数（CV）为 58.5%，属于较强变异性。取样点既包含春耕后 $0 \sim 10\mathrm{cm}$ 范围内的疏松表层土壤，也包含 $200 \sim 300\mathrm{cm}$ 范围内的心土层、底土层土壤；既包含多年耕作玉米地土壤，也包含松塔水库多年原生黄土土壤；取样点包含河滩地、沟地、丘陵地等多种地貌形态。取样点土壤砂粒、粉粒和黏粒含量如图 2-1 所示。

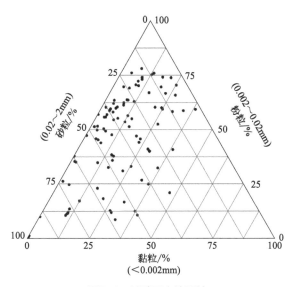

图2-1 试验区土壤质地

（2）土壤结构

土壤是一个非常复杂的多孔多相系统。诸如矿物质，有机物和微生物等固体颗粒以胶结和镶嵌的形式形成土壤骨架。水和空气以气相和液相的形式存在于土壤骨架的孔隙中。土壤结构是土壤孔隙分布、土壤骨架稳定性、土粒排列方式的综合表征。本书以土壤容重作为土壤结构的表征指标。所取样本土壤容重 γ 变化范围为 $0.964 \sim 1.736\mathrm{g/cm^3}$，变异性系数（CV）为 9.0%，变化幅度较大，对黄土土壤结构具有较好的代表性。

（3）土壤有机质含量

土壤有机质是一种有机化合物，不同于动物和植物残留物通过微生物活性和自然物理化学分解进入土壤而形成的有机化合物。土壤有机质含量是土壤肥力大小的表征，对土壤的导水性能有着十分重要的作用。土壤中的有机质一部分通过矿化作用分解为植物所需的营养物质，一部分转化为更为复杂的腐殖质。所取样本土壤有机质含量 OM（organic matter content）变化范围为 0.0063%～12.480%，变异性系数（CV）为 81.5%，属于较强变异性，对黄土土壤有机质含量具有较好的代表性。

（4）土壤其他理化性质

土壤其他理化性质主要包括土壤盐分含量和 pH 值。所取样本土壤盐分含量用电导率进行表征。所取样本电导率（EC）变化范围为 0.040～1.090S/m，变异性系数（CV）为 87.7%，具有较强的变异性；pH 值变化范围为 6.200～8.930，变异性系数（CV）为 7.7%，变化幅度较大。

所取样本土壤各理化参数描述性统计如表 2-1 所列。从表 2-1 中可以看出，本次实验选择的土壤样品主要包括各种黄土质地、土壤结构、有机质含量等，这使得建立的试验数据集非常具有代表性。

表2-1　土壤理化参数描述性统计表

土壤理化参数	最小值	最大值	均值	标准差σ	变异性系数 CV
δ_1/%	0.000	46.935	13.654	11.053	0.809
δ_2/%	0.000	78.415	44.831	22.177	0.495
δ_3/%	12.066	100.000	41.514	24.268	0.585
γ/(g/kg)	0.964	1.736	1.405	0.127	0.090
OM/%	0.063	12.480	2.413	1.966	0.815
EC/(S/m)	0.040	1.090	0.240	0.211	0.877
pH值	6.200	8.930	7.898	0.607	0.077

2.2.1.2　试验其他条件

试验于 20～22℃室温条件下（除温度对土壤水力运动参数影响试验外）于山西省太原市太原理工大学水利科学与工程学院灌溉排水实验室内进行。试验用水均为自制一次蒸馏水。温度对土壤水力运动参数的影响试验是将土壤样品置于恒温机内进行。

2.2.2 试验仪器设备与测定方法

（1）土壤水分特征曲线与非饱和土壤导水率测定试验仪器及测定方法

试验选用德国 UMS 公司 HYPROP 仪进行土壤水分特征曲线与非饱和土壤导水率的测量[152-155]。HYPROP 仪基于 Schindler 提出的在自然蒸发条件下，在空间上，土壤吸力和土壤含水率在环刀内土壤剖面上符合线性变化；在时间上，土壤吸力和环刀样重量符合线性变化，并且在测量时间间隔较短、选用插值合适的情况下，拟合结果可靠[156]，拟合精度小于 0.01。HYPROP 仪每隔 100s 自动测量一次吸力值，每隔 8h 称重。试验所用 HYPROP 仪包括 10 个 HYPROP 传感器组件（用于测量土壤吸力及温度）和 1 个天平（精度为 0.01g），传感器组件通过 tensionLINK 连接到电脑，实现数据的连续采集。试验仪器如图 2-2～图 2-4 所示。

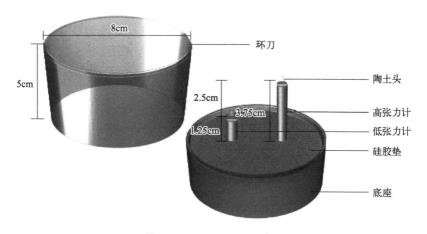

图2-2 HYPROP仪示意图

HYPROP 仪器测定土壤水分特征曲线的原理是：假定在自然蒸发条件下，在空间上，土壤吸力和土壤含水率在土壤剖面上符合线性变化，在时间上，土壤吸力和环刀样重量符合线性变化，那么在环刀中点处土壤吸力和土壤含水率等于整个土样的土壤吸力和含水率。土样含水率均值可通过称重法得到，中点处的吸力值等于上下两个陶土头吸力值的平均值。由此便可得到每个时间点土壤含水率和土壤吸力值，就得到了土壤水分特征曲线。

HYPROP 仪器测定土壤非饱和导水率的原理是：在线性假定的基础上，假设水流在 Δt_i 时间时，恰好位于两个张力计中间的水平面，则有

图2-3 HYPROP仪传感器组件示意图（彩图见文后）

图2-4 HYPROP仪试验示意图（彩图见文后）

$$q_i = \frac{1}{2}\left(\Delta V_i / \Delta t_i\right) / A$$

式中　ΔV_i——Δt_i 时间时水量的减少量，cm^3；

　　　　A——环刀的横截面积，cm^2。

根据达西定律，便可得到

$$k_i\left(h_i\right) = -\frac{q_i}{\left(\dfrac{\Delta h_i}{\Delta z}\right) - 1}$$

式中　h_i——时间和空间上的平均张力，hPa；

　　　Δz——张力计间的高度差，cm；

　　　$\dfrac{\Delta h_i}{\Delta z}$——基质势梯度；

　　　-1——重力势梯度。

采用 HYPROP 仪测定土壤水分特征曲线与非饱和土壤导水率的主要步骤为：

① 将所取原状土逆向饱和 48h；

② 对两个张力计、底座进行排气，确保测量系统没有气体；

③ 将张力计安装在传感器底座上，并将每个传感器组件和天平与计算机连接；

④ 将土壤样品放在底座上开始测量，并在测量过程中每 8h 称重一次；

⑤ 实时观察土壤水势数据，当水势最终达到水位（约 0cm）时，测量完成；

⑥ 测量后，将土壤样品在 105℃烘干 12h，称重。确保测试过程在恒定温度下进行，不会受到外部风的干扰。

（2）土壤常规理化参数测定试验仪器及测定方法

土壤常规理化参数测试试验包括土壤质地、容重、有机质含量、pH 值、电导率以及盐分离子的测定。

土壤质地：激光粒度分析仪（Rise-2022 型）（图 2-5）、筛子（2mm）、陶瓷研钵等。

容重：销土刀、环刀（体积为 100cm^3）、铁铲、天平（万分之一精确度）、烘箱、铝盒等。

有机质：重铬酸钾（$K_2Cr_2O_7$）、硫酸（H_2SO_4）等化学试剂、油浴消化装置（油浴锅和铁丝笼）、可调温电炉、烧杯、试管、秒表以及滴定管等（图 2-6，彩图见文后）。

pH 值：PHS-3C 型 pH 计。

电导率：DDSJ-308A 电导率仪。

温度控制选用 LRH-150 型恒温生化培养箱。

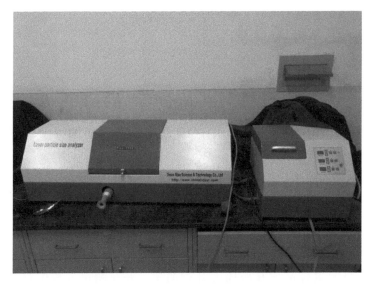

图2-5　激光粒度分析仪（彩图见文后）

图2-6　有机质含量测定

　　土壤质地测定按照以下步骤进行：将黄土样品放入研钵中充分研磨，过2mm 筛子；取少许土壤样品放入激光粒度分析仪中，直至所测得土壤质地分级曲线为稳定的单峰曲线，便可停止测量，为了减小测量中的误差，各土壤样品均测定 3 次，取 3 次平均值作为土壤机械组成。

　　土壤容重测定按照以下步骤进行：在试验点用体积100cm^3 的环刀取原状土，用削土刀缓慢、轻微地去除环刀外侧的土壤，将所有土壤置于铝盒内，带回实验室进行烘干，烘干后称重。

根据以下步骤进行土壤有机质含量的测定：将风干的土壤样品通过 0.15mm 的筛子，然后将 0.1～1g 放入干燥的试管中，各加入 5mL 标准溶液和浓硫酸（H_2SO_4）并充分振摇；放入温度为 185℃的石蜡油浴中，当试管中的液体开始沸腾并产生气泡时，计时 5min；待试管冷却后，将液体倒入锥形瓶中，用指示剂滴定。得到土壤样品中所含有机物的含量。每一土样重复测定三次，取其算术平均值作为测量值。

土壤 pH 值测定按照以下步骤进行测定：按照土水比 1∶5 获取土壤水溶液，使用雷磁 PHS-3C 型 pH 计进行测定。

土壤电导率测定按照以下步骤进行测定：按照土水比 1∶5 获取土壤水溶液，使用雷磁 DDSJ-308A 电导率仪进行测定。

2.3 试验方案设计

根据本书研究内容和目的，分为土壤水分特征曲线与非饱和土壤导水率测定试验和土壤理化参数测定试验两大部分。试验对所取土壤原状样本进行试验。

（1）土壤水分特征曲线与非饱和土壤导水率测定试验

土壤水分特征曲线确定试验旨在通过系统的原状土壤试验来揭示和分析影响土壤水分特征曲线的主要理化参数因素，并建立预测土壤水分特征曲线模型参数与常规土壤理化参数之间关系的模型。主要根据影响土壤水分特征曲线的因素设计实验方案。主要理化参数包括土壤质地影响试验，土壤结构影响试验，土壤有机质影响试验和温度影响试验。

土壤质地按国际制质地标准划分为砂土、壤土、粉砂质壤土、粉砂质黏壤土、壤质黏土、黏土六种；土壤结构根据不同质地选取有代表性的试验田块；土壤有机质含量影响试验通过测定各试验点各土层有机质含量进行；pH 值影响试验通过测定各试验点各土层 pH 值进行；温度影响试验仅对个别土样进行，以了解温度对土壤水力运动参数的影响，通过将试样土样置于不同温度恒温箱中，构造不同温度条件。

根据上述总体方案设计，拟定实施方案见表 2-2。

表2-2　试验实施方案

试验区	试验点	土层/cm	样本数量/个	备注
祁县	昌源河	0～300	30	两个取样点相隔超过3km
	西山湖南	0～200	30	
	西山湖北	0～200	30	
	小计		90个土样	
交城	卦山回填土	0～60	8	两个取样点相隔超过3km
	卦山多年森林土	0～150	9	
	卦山脚下玉米地	0～60	8	
	洪相试验田	0～60	8	
	成村试验田	0～60	8	
	段村试验田	0～60	8	
	梨园多年生土	0～60	8	
	耕种玉米地	0～60	8	
	小计		65个土样	
寿阳	耕种玉米地	0～60	16	两个取样点相隔超过3km
	河滩玉米地	0～60	8	
		100～200	10	
	河滩地	0～60	8	
	沟地	0～60	8	
	冲洪积沟地	0～60	8	
	丘陵玉米地	0～60	8	
	松塔水库原生黄土	0～200	20	
	小计		86个土样	
合计	103个取样点		241个土样	

（2）土壤理化参数测定试验

为建立土壤水分特征曲线土壤传递函数，在测定土壤水分特征曲线与非饱和导水率的同时需测定土壤理化参数。土壤理化参数测定试验包括土壤质地（砂粒、粉粒和黏粒含量测定）、土壤容重、有机质含量、电导率和 pH 值测定试验。

第**3**章

样本数据库创建及
参数预测方法

3.1 样本数据库创建

3.1.1 非饱和导水率样本数据库创建

（1）土壤非饱和导水率经验模型选择

早在 1931 年，Richards[157] 提出了非饱和导水率的线性模型，$k(S)=a_1S+a_2$，该模型表示随着吸力的增大，土壤非饱和导水率线性减小。但该模型与测得的非饱和导水率与吸力间的关系拟合度低，因此，1955 年，Wind[158] 提出了非饱和导水率的二参数幂函数模型，$k=as^{-m}$；1958 年，Gardner[159] 提出了非饱和导水率的二参数指数函数模型 $k=ae^{bS}$ 与三参数幂函数模型 $k=\dfrac{a}{s^m+b}$。二参数幂函数模型、二参数指数函数模型和三参数幂函数模型一经提出，诸多学者利用上述模型对非饱和导水率与土壤吸力间的关系进行拟合，得到了不同土壤非饱和导水率的最优拟合模型。本章基于上述三种模型进行黄土土壤非饱和导水率的预测模型比选。

（2）土壤非饱和导水率经验模型参数的拟合

通过 HYPROP 仪测得的土壤非饱和导水率与土壤吸力数据，采用最小二乘原理的方法拟合得到土壤非饱和导水率经验模型参数集。103 组数据拟合所得 RMSE（均方根误差）均小于 0.01、模型评价准则（Akaike Information Criterion with Correction，AICc）值小于 –305，R^2 大于 0.905，拟合效果好，精度高。

（3）土壤非饱和导水率经验模型参数土壤传递函数样本数据库建设

将各模型参数与土样的理化参数一一对应，构成土壤非饱和导水率的试验样本数据集 103 组。在后续章节的分析中，82 组作为建模样本、21 组作为验证样本。部分样本数据库数据组合如表 3-1 所列。

表3-1 土壤非饱和导水率模型参数土壤传递函数样本数据集

样本编号		3	41	54
土壤理化参数	δ_1/%	3.69	24.26	1.36
	δ_2/%	56.13	60.35	35.77
	δ_3/%	40.19	15.39	62.87

续表

样本编号		3	41	54
土壤理化参数	γ/(g/kg)	1.15	1.52	1.36
	OM/%	6.91	5.89	2.15
	EC/(S/m)	0.14	0.16	0.14
	pH值	7.64	8.53	8.46
二参数幂函数	a	9.67×10^7	3.95×10^5	2.98×10^2
	m	3.92	3.56	2.95

3.1.2 土壤水分特征曲线样本数据库创建

（1）表征土壤水分特征曲线经验模型选择

土壤水分特征曲线经验模型按照数学性质可分为多项式形[160]、对数形[161]和幂函数形[159]。其中，使用最为广泛的模型为Brooks-Corey、van-Genuchten模型和Fredlund-Xing模型。三种模型形式如本书1.3.2部分所示。本书基于这三种模型进行黄土土壤水分特征曲线模型优选。

（2）表征土壤水分特征曲线经验模型参数的拟合

通过HYPROP仪测得土壤水分特征曲线土壤含水率与土壤吸力，利用相关软件获取BC、vG、FX土壤水分特征曲线模型参数，拟合所得RMSE（均方根误差）小于0.001、AICc值小于-800，R^2大于0.998，拟合效果好，精度高。

（3）土壤水分特曲线经验模型土壤传递函数样本数据库建设

将各模型参数与理化参数一一对应，构成土壤水分特征曲线的试验样本数据集103组。其中，82组作为建模样本、21组作为验证样本。

通过分别确定各土样100hPa、200hPa、300hPa、400hPa、500hPa、600hPa、700hPa、800hPa、900hPa、1000hPa条件下的土壤比水容量值与非饱和导水率值，得到10个吸力条件下的土壤扩散率值，利用相关工具箱拟合得到吸力与扩散率的指数函数关系模型参数值。拟合所得RMSE（均方根误差）小于0.003、R^2大于0.995，拟合效果好，精度高。将各模型参数与理化参数一一对应，构成土壤扩散率的试验样本数据集103组。其中，82组作为建模样本、21组作为验证样本。

3.1.3 扩散率样本数据库创建

通过分别确定各土样 100hPa、200hPa、300hPa、400hPa、500hPa、600hPa、700hPa、800hPa、900hPa、1000hPa 条件下的土壤比水容量值与非饱和导水率值，得到 10 个吸力条件下的土壤扩散率值，利用相关工具箱拟合得到吸力与扩散率的指数函数关系模型参数值。拟合所得 RMSE（均方根误差）小于 0.003、R^2 大于 0.995，拟合效果好，精度高。将各模型参数与理化参数一一对应，构成土壤扩散率的试验样本数据集 103 组。其中，82 组作为建模样本、21 组作为验证样本。部分样本数据集如表 3-2 所列。

表 3-2 土壤扩散率模型参数土壤传递函数样本数据集

样本编号		3	41	54
土壤理化参数	δ_1/%	3.69	24.26	1.36
	δ_2/%	56.13	60.35	35.77
	δ_3/%	40.19	15.39	62.87
	γ/(g/kg)	1.15	1.52	1.36
	OM/%	6.91	5.89	2.15
	EC/(S/m)	0.14	0.16	0.14
	pH值	7.64	8.53	8.46
指数函数模型参数	a	4.22×10^4	5.076	8.367
	b	−0.04596	−0.05703	−0.06157

3.2 参数预测方法

本书采用土壤传递函数法作为土壤水力运动参数模型参数预测的研究方法。土壤传递函数是指利用较易获取的理化参数通过一定的数学方法获得较难获取的水力参数，作为一种简单、快速获取水力参数的间接方法，众多学者根据不同的数据集和数学方法，构建了诸多区域性的土壤传递函数[162-166]。本书选用多元非线性模型、BP 神经网络模型和支持向量机模型，构建土壤水力运动参数的土壤传递函数。

3.2.1 多元非线性模型

由于多元线性回归不能反映各理化参数与模型参数间的非线性关系，且容易导致过度参数化、模型泛化能力弱的缺点。Scheinost 等 [167] 首次提出了一种非线性回归模型。该方法根据土壤基本性质对 van-Genuchten 模型参数的影响关系，构建了土壤基本理化性质与模型参数间的线性关系，在一定程度上提高了土壤传递函数的预测精度，但其所采用的土壤理化性质为土壤几何平均粒径、几何标准差，且待定系数较多，模型参数的获取需要较大的工作量。2015 年，樊贵盛团队 [168-170] 基于大样本入渗模型参数与土壤理化性质的单因素分析，确定了土壤理化参数与入渗模型参数的非线性关系，为黄土高原区土壤水分入渗参数的获取奠定了基础。本书基于该思路，确定了土壤水力运动参数的多元非线性模型结构为：

$$y=C_0+C_1f(x_1)+C_2f(x_2)+\cdots+C_if(x_i)+\cdots+C_nf(x_n) \qquad （3-1）$$

式中　　y——因变量；

　　　　x_i——第 i 个自变量；

　　　　C_i——拟合值；

　　　　$f(x_i)$——第 i 个自变量的函数表达式。

相较于多元线性模型而言，多元非线性模型在模型形式简便的基础上既能够反映出单一自变量与因变量间的非线性关系，又能够提高预测的精度，而且模型形式简单明了、易于理解、易于使用、易于推广。基于此，提出了多元非线性土壤传递函数。多元非线性模型的建立通过以下三个过程实现。首先，进行各土壤水分特征曲线模型参数自变量的筛选，即根据土壤水分特征曲线模型参数的影响机理分析和单因素拟合结果，确定各模型参数与自变量的单因素函数形式，进而叠加确定多元非线性模型的初始结构；其次，运用相关软件进行自变量的多次 T 检验、多次拟合，并进行显著性检验，建立多元非线性预测模型；最后，运用所建立的预测模型，对验证样本进行验证分析。土壤水分特征曲线模型参数非线性土壤传递函数模型构建流程如图 3-1 所示。

3.2.2　基于遗传算法的BP神经网络模型

人工神经网络是基于模仿人脑神经元和功能建立的自适应非线性动态系统，它具有较强的自学习能力，能够很好地处理非线性问题。人工神经网络模型利用自变量和因变量通过迭代校验的方式来寻找最优解，不需要构建自

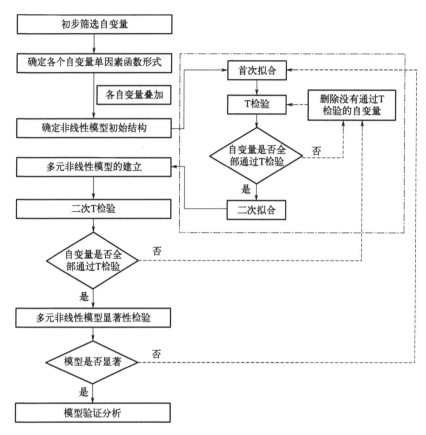

图3-1 多元非线性土壤传递函数模型构建流程图

变量与因变量间的数学模型[171]。人工神经网络模型可分为静态神经网络模型和动态神经网络模型，动态神经网络模型又分为有反馈和无反馈两种模型[172]。BP神经网络模型正是基于误差反向传播算法所构建的人工神经网络模型，它的学习过程包括正向传播和反向传播[173]。自变量作为输入层，经隐含层处理后传播给输出层（即因变量），若因变量实际输出与期望输出不符，则将输出误差以某种形式通过隐含层反向传播给输入层，进而修正各单元的权值，直至网络输出误差达到模型精度要求。

本书所采用的 BP 神经网络模型结构为：

$$net=new(traininput)ff(minmax,[a,i],(\{'tagsig','purlin'\},'trainlm')) \quad （3-2）$$

式中　　　　　　　　net——所建立的BP神经网络；

　　　　　　　　　　$newff$——Matlab软件生成的BP神经网络函数；

traininput——输入向量；

minmax(traininput)——输入向量范围；

[*a,i*]——隐含层与输出层的神经元个数；

{*'tansig','purelin'*}——隐含层和输出层的激活函数；

'trainlm'——网络的训练函数。

BP 神经网络由于其黑匣子计算模式，无需对数据进行预处理，只需通过某些学习规则对自身进行训练，便可得到较好的预测效果。BP 神经网络是按照误差反向传播训练的多层前馈网络，其算法称为 BP 算法，是实现该方法的关键。BP 算法使用了梯度下降法的基本思想，即使用梯度搜索技术来最小化网络的实际输出值和预期输出值之间的误差均方误差。BP 神经网络结构主要由输入层、隐含层和输出层构成。其中，隐含层节点个数 i 十分重要。如果隐含层节点个数 i 过小，会导致模型精度过低，如果隐含层节点个数 i 过多，会导致过拟合的问题。目前，已有研究隐含层个数的范围主要通过经验公式和试算法得到。其中，经验公式为：

$$i=\sqrt{n_{\text{input}}+n_{\text{output}}}+n \qquad (3\text{-}3)$$

式中　　i——隐含层节点数；

n_{input}——输入层节点数；

n_{output}——输出层节点数；

n——介于 0 ~ 10 的常数。

在 BP 神经网络模型中，输入层与隐含层间、隐含层与输出层间对应不同的节点函数，而不同的节点转移函数会对 BP 神经网络预测精度由较大的影响。Matlab 神经网络工具箱中 *newff* 函数提供了多种节点转移函数，主要包括以下三种。

logsig 函数：

$$y=\frac{1}{1+\text{e}^{-x}} \qquad (3\text{-}4)$$

tansig 函数：

$$y=\frac{2}{1+\text{e}^{-2x}}-1 \qquad (3\text{-}5)$$

purelin 函数：

$$y=x \tag{3-6}$$

本书采用试算法确定节点函数。

遗传算法（genetic algorithms）是由密歇根大学的 Holland 教授于 1962 年建立的一种并行随机搜索优化方法，用于模拟自然的遗传机制和生物进化论。它将"适者生存"的生物学进化原理引入由优化参数形成的编码串联种群中，并根据选择的适应性函数通过遗传选择、交叉和突变来选择个体。保留了具有高适应度值的个体，淘汰了适应性差的个体，新的群体不仅继承了上一代的信息，而且还优于上一代。重复该循环直到满足条件。遗传算法主要包括种群规模、编码策略、遗传算子与适应度函数四个部分。

种群规模 n 对算法的性能影响较大。较大的种群规模可以为搜索提供足够的采样能力，并且可以确保种群优化的多样性，从而在很大程度上避免了由 BP 神经网络引起的局部最小值的问题，但是种群规模会导致计算量大和迭代时间长的问题。种群规模较小，搜索空间将受到搜索空间的限制，计算量较小，迭代时间短，但是在迭代收敛之前，计算很容易停止。n 值一般为 20～200 之间，取值为 20。

由于描述个体时，用二进制位串编码比其他多进制位串编码更能够反映更多数目的基因模式，因此，遗传算法一般采用二进制位串进行编码。

遗传算子是遗传算法拥有强大搜索能力的核心，它包含选择算子、交叉算子、变异算子，分别用于模拟生物遗传进化过程中的繁殖、杂交、突变。选择算子的目的是增加种群的平均适应度，不适应的个体被淘汰，适应的个体进行进一步的交叉、变异，但牺牲了种群的多样性。交叉算子通过重组生成的新个体继承了父代的一部分性质，且与父代不同。变异算子对种群中个体位置进行随机替换而改变个体性状，有利于种群多样性的恢复，在一定程度上可克服遗传算法早熟收敛的现象。

适应度用于指示总体中个体能找到最佳解决方案的能力。较高适应度的个体更有可能传给下一代。描述适应度的函数称为适应度功能。适应度函数表达式为：

$$F=k\left[\sum_{i=1}^{n}\mathrm{ABS}(y_i-p_i)\right] \tag{3-7}$$

式中　n——网络输出节点数；

y_i——BP 神经网络第 i 个节点的期望输出；

p_i——第 i 个节点的预测输出；

k——系数。

采用基于遗传算法优化的 BP 神经网络土壤传递函数模型构建流程如图 3-2 所示。

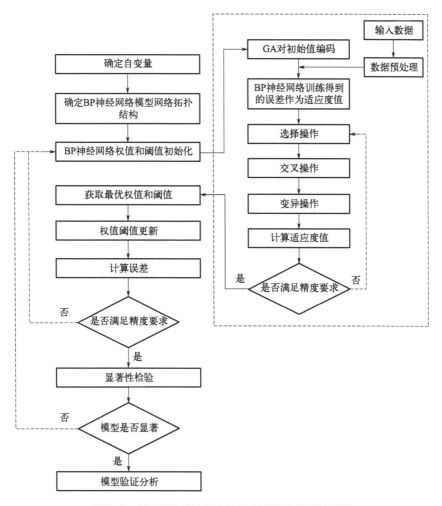

图3-2　基于遗传算法优化的BP神经网络模型流程图

3.2.3　基于粒子群优化算法的支持向量机模型

支持向量机（support vector machine, SVM）基于统计 VC 维数理论和结

构风险最小化原理。它是一种广义的线性分类器，可以根据监督学习以二进制方式对数据进行分类。通过学习样本来解决其决策边界，具有样本量小、精度高的优点。

本书所采用的支持向量机模型结构为：

$$y = f(x) = \sum_{i=1}^{n} \left(\beta_i - \beta_i^* \right) K(x, x_i) + b \tag{3-8}$$

式中　　y——因变量；

　　　　x——自变量；

　　　β_i，β_i^*——拉格朗日乘子；

　$K(x, x_i)$——支持向量机高斯核函数；

　　　　b——常数项。

为了确定本书所用的 SVM 模型结构，设 $X_i(i=1,2,3,\cdots,n)$，$X_i \in R^m$ 为输入的训练样本；Y_i（$i=1,2,3,\cdots,n$），$Y \in R$ 为输出的对应期望。两种类型的样本被超平面完全分开。最优超平面的形式如下：

$$Y = f(X) = \omega \cdot \varphi(X) + p \tag{3-9}$$

式中　　$Y=[Y_1, Y_2, \cdots, Y_n]$；

　　　　$X=[X_1^{\mathrm{T}}, X_2^{\mathrm{T}}, \cdots, X_n^{\mathrm{T}}]$；

　　　　ω——权系数向量；

　　　　p——阈值；

　　　$\varphi(X)$——输入空间到高维空间的映射。

引入不敏感损失函数 ε，并使用利差分析来求解最优超平面。当 ε 大于误差值时，小误差可忽略不计。引入松弛变量 ζ 与 ζ^* 以防止单个数据影响模型偏差；引入惩罚因子 C 来惩罚偏离模型的样本数据，因此最佳超平面可以转换为式（3-10）：

$$\min \begin{cases} \dfrac{1}{2} \|\omega\|^2 + C\left(\sum_{i=1}^{n} \zeta_i + \sum_{i=1}^{n} \zeta_i^* \right) \\ \left| f(X_i) - Y_i \right| < \zeta_i + \varepsilon \end{cases} \tag{3-10}$$

我们引入 Lagrange 函数求解上式，其中 β_i 和 β_i^* 为拉格朗日乘子，因此式（3-10）转换成式（3-11）。

$$L\left(\omega,b,\xi_i,\xi_i^*\right)=\frac{1}{2}\|\omega\|^2+C\sum_{i=1}^{n}\left(\xi_i+\xi_i^*\right)-\beta_i\sum_{i=1}^{n}\left(\varepsilon+\xi_i-Y_i+\omega X_i+b\right)$$
$$-\beta_i^*\sum_{i=1}^{n}\left(\varepsilon+\xi_i^*-Y_i+\omega X_i+b\right)$$

（3-11）

式中，ξ_i，ξ_i^*，β_i，$\beta_i^*\geqslant 0$；$i=1,2,3,\cdots,n$。

将 ω，b，ξ_i，ξ_i^* 分别对函数 L 进行偏导，即可得到最小值。

引入非线性核函数以获得支持向量机的回归函数。本书采取高斯核函数来建立预测模型，其模型式为：

$$K\left(X,Y\right)=\exp\left(-\frac{\|X-Y\|^2}{2\sigma^2}\right)$$

（3-12）

最终确定最优超平面的形式如式（3-13）所示。

$$f\left(X\right)=\omega\bullet\varphi\left(X\right)+b=\sum_{i=1}^{n}\left(\beta_i-\beta_i^*\right)K\left(x,x_i\right)+b$$
$$K\left(x,x_i\right)=\exp\left(-g\|x-x_i\|^2\right)$$

（3-13）

由式（3-8）~式（3-13）可以看出，在支持向量机模型中，惩罚因子 C、核参数 g 以及不敏感损失函数 ε 是十分关键的三个参数。C 值表示对较大拟合偏差的惩罚程度，该参数的目的是折中考虑模型的复杂度和拟合度。C 值过大，Largrange 乘子 β_i 和 β_i^* 间的差异会增大，模型拟合度高，但会导致能力弱。核参数 g 用于确定从低维特征空间到高维空间的非线性映射后的结构，并确定模型的泛化能力。g 值增大，泛化能力增强，但导致了不敏感损失函数 ε 的敏感度降低，造成模型欠学习，无法达到精度要求。不敏感损失函数 ε 代表置信区间的宽度，ε 值的大小在一定程度上决定了预测模型拟合的精度与模型的复杂程度。ε 值越大，支持向量个数减少，预测模型简单，训练速度较快，但模型拟合度较低；ε 值越小，支持向量个数越多，模型拟合度较高，但模型复杂，训练速度减慢。

因此，选取最优的（C，g，ε）组合，对 SVM 模型具有十分重要的作用。随着机器学习的不断发展，优化算法逐渐丰富，优化支持向量机模型参数的算法由最初的交叉验证、最小二乘法，到近年来的遗传算法、粒子群算法等，这些算法的发展，有利于选取最优的（C，g，ε）组合，大幅提高了支持向量机模型的预测精度。本书在前人算法比较的基础上，选用基于粒子群算法优化的支持向量机模型构建黄土土壤水分特征曲线的土壤传递函数。

粒子群优化（particle swarm optimization）是在对鸟类的群聚和迁徙行为研究与群体智能研究基础上，得出的一种全局搜索算法。主要是根据粒子间的相互协作，求解多维空间中的最优解问题。首先，在可解空间中初始化一组粒子。找到与潜在最优解对应的每个粒子，然后使用位置、速度和适合度的三个指标来描述粒子。粒子通过其同伴和自身的飞行体验在相应的空间中移动，并通过群体极值 G_{best} 和个体极值 P_{best} 不断更新适应度和个体位置，直到找到最佳解。

设 D 维搜索空间中有 n 个粒子，它们共同构成了一个种群 $X=(X_1, X_2, \cdots, X_n)$，$X_i=(x_{i1}, x_{i2}, \cdots, x_{iD})^{\mathrm{T}}$，该向量表示相应问题的一个潜在解，也表示粒子 X_i 在空间中的位置，然后在根据其对应的目标函数计算出该粒子的适应度值。设 $V_i=(V_{i1}, V_{i2}, \cdots, V_{iD})^{\mathrm{T}}$ 为第 i 个粒子的速度，$P_i=(P_{i1}, P_{i2}, \cdots, P_{iD})^{\mathrm{T}}$ 为相应的个体极值，$P_g=(P_{g1}, P_{g2}, \cdots, P_{gD})^{\mathrm{T}}$ 为种群的全局极值。在迭代过程中，粒子通过个体和全局的极值来对速度和自己的位置进行更新，更新时所采用的公式为[174]：

$$V_{id}^{k+1}=\omega V_{id}^k+c_1 r_1\left(P_{id}^k - X_{id}^k\right)+c_2 r_2\left(P_{gd}^k - X_{id}^k\right) \tag{3-14}$$

$$X_{id}^{k+1} = X_{id}^k + V_{id}^{k+1} \tag{3-15}$$

式中　V_{id}——粒子的速度；

　　　k——当前迭代次数；

　　　ω——惯性权重；

c_1、c_2——加速度因子；

r_1、r_2——非负常数，表示 0～1 间的随机数。

基于粒子群算法优化的支持向量机模型构建流程如图 3-3 所示。

3.3　模型优选标准

为了消除不同量纲、不同数量级别所带来的影响，将各自变量、因变量进行归一化处理后再构建土壤传递函数。归一化公式为：

$$x^* = \frac{x - x_{\min}}{x_{\max} - x_{\min}} \qquad (3\text{-}16)$$

式中 x^*——归一化后所得数据值;

$x_{\min}$——对应数据 x 的最小值;

$x_{\max}$——对应数据 x 的最大值。

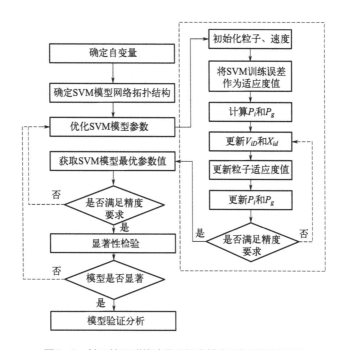

图3-3 基于粒子群算法优化的支持向量机模型流程图

得到归一化处理预测值后, 需按照公式 $x = x^* (x_{\max} - x_{\min}) + x_{\min}$ 对数值进行反归一化处理, 继而得到模型参数的预测值。

所有的土壤理化参数均设置 3 组重复, 数据以均值形式体现。土壤水分特征曲线与非饱和导水率设置 2 ~ 3 组重复, 拟合所得模型参数以均值形式体现。本书所建土壤传递函数的判定标准为绝对误差 AE、相对误差 RE、均方根误差 RMSE。绝对误差以同一量纲反映预测值偏离实测值的大小, 它确切地表示了偏离实测值的实际大小; 相对误差是指测量的绝对误差与实测值之比, 它是一个无量纲的值, 用以反映测量的可信程度; 均方根误差用以衡量预测值与实测值之间的偏差。绝对误差、相对误差和均方根误差计算公式分别为:

$$AE=|y_p - y_m|\tag{3-17}$$

$$RE=|\frac{y_p - y_m}{y_m}|\tag{3-18}$$

$$RMSE=\sqrt{\sum_{i=1}^{n}\frac{\left(y_p - y_m\right)^2}{n}}\tag{3-19}$$

式中　y_p——预测值；

y_m——实测值；

n——样本个数。

第**4**章

预测模型

4.1　非饱和导水率预测模型

土壤非饱和导水率经验模型能够直接获取非饱和导水率与吸力之间的函数关系，不需以土壤水分特征曲线为基础，因此本章所用非饱和导水率经验模型为二参数幂函数模型 $k=as^{-m}$、三参数幂函数模型 $k=\dfrac{a}{s^m+b}$ 和二参数指数函数模型 $k=ae^{bS}$。由于拟合所得模型参数二参数幂函数经验系数 a、三参数幂函数经验系数 a、三参数幂函数经验系数 b、指数函数经验系数 a 最小值与最大值之间相差数量级大，导致过拟合严重，因此，对以上四个参数取以 10 为底的对数，作为黄土土壤非饱和导水率模型参数土壤传递函数的因变量。得到对数处理预测值后，进行反处理，与实测值进行比较。

4.1.1　主导因素分析

（1）土壤质地对土壤非饱和导水率的影响

土壤非饱和导水率是土壤水力运动参数之一，它随土壤含水量或土壤吸力的变化而变化，不同质地土壤非饱和导水率相差较大。本书土壤质地按照国际制分级标准划分为砂粒（2～0.02mm）、粉粒（0.02～0.002mm）和黏粒（<0.02mm）。由于三者之间存在线性数量关系，因此利用 SPSS 软件进行参数相关性分析筛选出土壤质地的数学表征值。砂粒（δ_1）、粉粒（δ_2）和黏粒（δ_3）三者间的 Spearman 相关性系数如表 4-1 所列。

表4-1　砂粒、粉粒、黏粒Spearman相关性分析表

参数	δ_1	δ_2	δ_3
δ_1	1	−0.005	−0.413[**]
δ_2		1	−0.873[**]
δ_3			1

注：**表示$P<0.01$时，相关性是显著的。

由表 4-1 可知，砂粒含量与黏粒含量、粉粒含量均具有显著相关性，因此选择不相关（$P=-0.005$）的黏粒含量和粉粒含量作为土壤质地的数学表征值，以最大程度地表征土壤质地间的差异。

图 4-1 为 5 种不同质地（不同黏粒、粉粒含量）非饱和导水率随吸力值的变化曲线（彩图见文后）。为了更清晰地区别近饱和阶段不同质地的土壤水分特征曲线，将 0～0.050cm/d 范围内土壤非饱和导水率随土壤吸力变化的曲线进行放大，如图 4-1（b）所示。六种质地土壤饱和导水率值如表 4-2 所列。

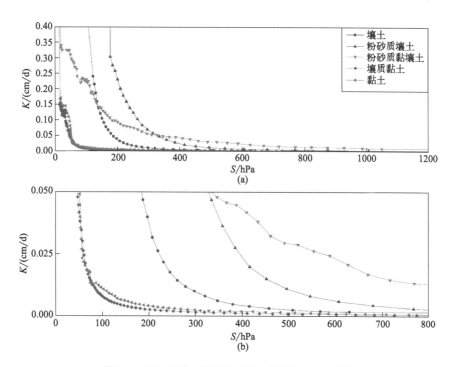

图4-1 不同质地土壤非饱和导水率随吸力变化曲线

表4-2 不同质地土壤饱和导水率值

土壤质地	砂土	壤土	粉砂质壤土	粉砂质黏壤土	壤质黏土	黏土
饱和导水率 /(cm/d)	54.3	36.9	33.4	1.57	0.2	0.18

试验结果表明：

① 砂性土壤非饱和导水率随吸力变化幅度较大，曲线较陡直。当土壤吸力由 0hPa 增加到 200hPa 时，砂性土壤导水率至少减小了 2 个数量级。这是因为砂性土壤大孔隙多，孔隙连通性好，水分在土壤中的运动路径较黏性土壤小，水分在土壤中运动时所受的毛管力和摩擦力小，因此，吸力值发生微小变化便可排出大孔隙中的水分，表现为曲线的斜率较大。

② 随着黏粒含量的增加，曲线斜率逐渐减小，变得平缓。土壤质地通

过对土粒表面能、土壤孔隙尺度和分布的影响,对土壤非饱和导水率产生影响。土壤质地由轻变重,黏粒含量越多,大孔隙越少,中小孔隙越多,颗粒越小,固体相比表面积越大,表面能越高,吸附能力越强,水分在土壤中的运动路径越长,所受的毛管力和摩擦力越大,因此,在同一吸力条件下,土壤的非饱和导水率越小。

③ 随着吸力值的增大,砂性土壤中的绝大部分孔隙中的水被排空,成为不导水的孔隙,此时砂性土壤的导水率反而低于黏性土壤。

在样本数据集中选取其他理化参数基本不变、黏粒或粉粒含量单一变化的 5 ~ 6 组数据,进行土壤质地与土壤非饱和导水率模型参数数量关系分析,如图 4-2 所示(彩图见文后),数量关系表达式如表 4-3 所列。

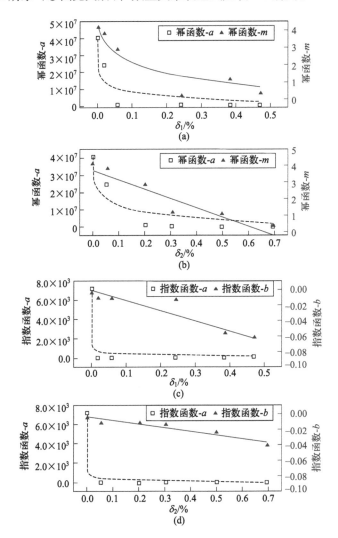

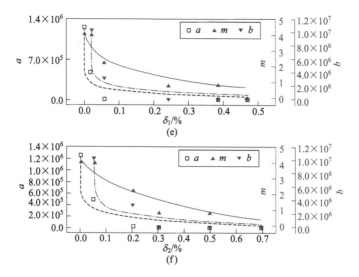

图4-2 黏粒、粉粒含量与土壤非饱和导水率模型参数数量关系

表4-3 土壤黏粒、粉粒含量与土壤非饱和导水率模型参数数量关系表达式

参数	δ_1	R^2	δ_2	R^2
二参数幂函数经验系数a	$a=c_1\ln(\delta_1-c_2)$	0.943	$a=c_1\ln(\delta_2-c_2)$	0.907
二参数幂函数经验系数m	$m=c_1\ln(\delta_1-c_2)$	0.908	$m=c_1+c_2\delta_2$	0.963
三参数幂函数经验系数a	$a=c_1\ln(\delta_1-c_2)$	0.923	$a=c_1\ln(\delta_2-c_2)$	0.941
三参数幂函数经验系数m	$m=c_1\ln(\delta_1-c_2)$	0.912	$m=c_1\ln(\delta_2-c_2)$	0.912
三参数幂函数经验系数b	$b=c_1\ln(\delta_1-c_2)$	0.966	$b=c_1\ln(\delta_2-c_2)$	0.945
指数函数经验系数a	$a=c_1\ln(\delta_1-c_2)$	0.983	$a=c_1\ln(\delta_2-c_2)$	0.991
指数函数经验系数b	$b=c_1+c_2\delta_1$	0.92	$b=c_1+c_2\delta_2$	0.905

由图4-2、表4-3可以看出黏粒、粉粒含量与不同的模型参数具有不同的数量关系。黏粒含量与二参数幂函数a、二参数幂函数m、三参数幂函数a、三参数幂函数m、三参数幂函数b、二参数指数函数a呈对数关系，与二参数指数函数b呈线性关系；粉粒含量与二参数幂函数a、三参数幂函数a、三参数幂函数m、三参数幂函数b、二参数指数函数a呈对数关系，与

二参数幂函数 m、二参数指数函数 b 呈线性关系。

（2）土壤结构对土壤非饱和导水率的影响

土壤非饱和导水率是土壤水力运动参数之一，它随土壤含水量和土壤吸力的变化而变化，不同容重土壤非饱和导水率相差较大。图 4-3 为粉砂质壤土不同容重条件下非饱和导水率随吸力值的变化曲线。不同容重土壤饱和导水率值如表 4-4 所列。

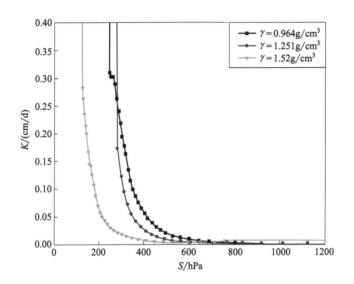

图4-3　不同容重土壤非饱和导水率随吸力值变化曲线

表4-4　不同容重土壤饱和导水率值

土壤容重/(g/cm³)	0.964	1.251	1.52
饱和导水率/(cm/d)	12.8	12.2	3.97

试验结果表明：

① 土壤结构对土壤非饱和导水率有显著影响。土壤结构由疏松变密实，在同一吸力条件下，土壤非饱和导水率呈现减小的趋势。土壤结构不同，其板结程度、密实度和土壤孔隙状况（孔隙大小、分布和连通性）不同。疏松土壤单位体积密度小，孔隙率大，孔隙尺度大，孔隙连通性好，水分在土壤中的运动路径较短，所受的毛管力和摩擦力小，在同一吸力条件下，土壤非饱和导水率较大。密实土壤单位体积密度大，孔隙率小，孔隙尺度小，孔隙弯曲严重，孔隙的连通性差，水分在土壤中的运动路径较

长，所受的毛管力和摩擦力大，在同一吸力条件下，土壤的非饱和导水率较小。

② 相较于前人对于土壤结构对土壤非饱和导水率全阶段的影响分析，低吸力阶段土壤非饱和导水率呈现出更大的变异性。在不同的含水率范围内，土壤结构由疏松变密实，土壤水力传导度呈现出不同的变化趋势。

③ 土壤结构对土壤饱和导水率有显著影响。随着容重的增加，土壤饱和含水率逐渐减小，土壤结构由疏松变密实，土壤内大孔隙减小，因此在饱和状态下，所持水量会减少。

在样本数据集中选取其他理化参数基本不变，土壤容重单一变化的4组数据，进行土壤结构与土壤非饱和导水率模型参数数量关系分析，如图4-4所示，数量关系表达式如表4-5所列。

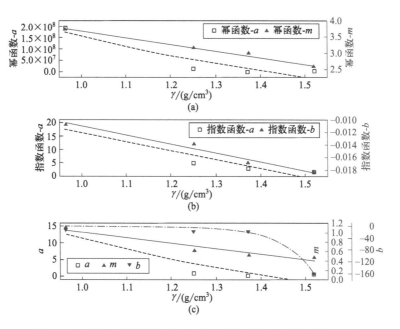

图4-4 容重与土壤非饱和导水率模型参数数量关系（彩图见文后）

由图4-4、表4-5可以看出土壤容重与不同的模型参数具有不同的数量关系。容重与二参数幂函数 a、三参数幂函数 a 呈对数关系，与三参数幂函数 b 呈指数函数关系，与二参数幂函数 m、三参数幂函数 m、二参数指数函数 a、二参数指数函数 b 呈线性关系。

表4-5 土壤容重与土壤非饱和导水率模型参数数量关系表达式

参数	γ	R^2
二参数幂函数经验系数a	$a=c_1\ln(\gamma-c_2)$	0.903
二参数幂函数经验系数m	$m=c_1+c_2\gamma$	0.988
三参数幂函数经验系数a	$a=c_1\ln(\gamma-c_2)$	0.901
三参数幂函数经验系数m	$m=c_1+c_2\gamma$	0.923
三参数幂函数经验系数b	$b=c_1c_2^{\gamma}$	0.982
指数函数经验系数a	$a=c_1+c_2\gamma$	0.901
指数函数经验系数b	$b=c_1+c_2\gamma$	0.973

（3）土壤有机质含量对土壤非饱和导水率的影响

土壤有机质的存在不仅影响了土壤内孔隙的分布，对土壤结构也产生了很大的影响。图4-5为粉砂质壤土4种不同有机质含量条件下非饱和导水率随吸力值的变化曲线。不同有机质含量土壤饱和导水率值如表4-6所列。

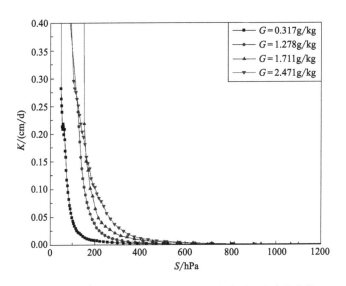

图4-5 不同有机质含量土壤非饱和导水率随吸力变化曲线

表4-6 不同有机质含量土壤饱和导水率值

土壤有机质含量G/(g/kg)	0.317	1.278	1.711	2.471
饱和导水率/(cm/d)	0.8	1.25	13.9	66.8

试验结果表明：

① 土壤有机质含量对土壤非饱和导水率有显著影响。随着土壤有机质

含量的增大，土壤非饱和导水率曲线呈现向右平移的趋势，同一吸力条件下，土壤的导水率增大。

② 相较于前人对于土壤有机质含量对土壤非饱和导水率全阶段的影响分析，低吸力阶段土壤非饱和导水率呈现出更大的变异性。在不同的含水率范围内，土壤有机质含量由大到小，土壤水力传导度呈现出不同的变化趋势。

③ 土壤有机质含量对土壤饱和导水率有显著影响。随着有机质含量的增加，土壤饱和含水率逐渐增大。

土壤有机质对土壤水力传导度的影响机理为，有机质含量多，土壤内团粒结构多，这些团粒结构使得土壤具有较强的力稳性和水稳性，土壤不容易溃散，团粒和团粒间的非毛管孔隙多，水分运动时运动路径短、所受的毛管力和摩擦力小，因此，土壤非饱和导水率随着有机质含量的增大，呈现出增大的趋势。

在样本数据集中选取其他理化参数基本不变，土壤有机质含量单一变化的 5 组数据，进行土壤有机质含量与土壤水分特征曲线模型参数数量关系分析，如图 4-6 所示，数量关系表达式如表 4-7 所列。

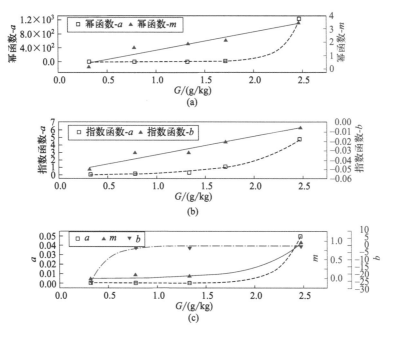

图4-6　有机质含量与土壤非饱和导水率模型参数数量关系（彩图见文后）

表4-7 土壤有机质含量与土壤非饱和导水率模型参数数量关系表达式

参数	G	R^2
二参数幂函数经验系数a	$a=c_1c_2^G$	0.999
二参数幂函数经验系数m	$m=c_1+c_2G$	0.923
三参数幂函数经验系数a	$a=c_1c_2^G$	0.999
三参数幂函数经验系数m	$m=c_1c_2^G$	0.999
三参数幂函数经验系数b	$b=c_1c_2^G$	0.995
指数函数经验系数a	$a=c_1c_2^G$	0.997
指数函数经验系数b	$b=c_1+c_2G$	0.942

由图4-6、表4-7可以看出土壤有机质含量与不同的模型参数具有不同的数量关系。土壤有机质含量与二参数幂函数m、二参数指数函数b呈线性关系；与二参数幂函数a、三参数幂函数a、三参数幂函数m、三参数幂函数b、二参数指数函数a呈指数函数关系。

4.1.2 自变量的确定

土壤水力运动参数的变化是由土壤理化性质发生变化所导致的，而这些理化性质间又存在复杂的关系，如果将所有的理化参数全部作为土壤传递函数的自变量，那必将带来数据冗余、预测效果不尽人意的结果。因此，在影响土壤水力运动参数的因素中区分主、次要因素，将主要因素作为自变量，不仅能够简化计算过程，而且能够达到好的效果。

本书在机理分析的基础上，运用Spearman相关性分析进行主要因素的进一步筛选。土壤非饱和导水率三种模型参数与土壤理化参数Spearman相关性系数如表4-8所列。

表4-8 土壤非饱和导水率模型参数与各理化参数Spearman相关性分析表

参数	δ_1	δ_2	γ	OM	EC	pH值
二参数幂函数经验系数a	0.144	0.274**	0.252*	−0.143	−0.176	−0.090
二参数幂函数经验系数m	0.101	0.232*	0.175	−0.286**	−0.282**	−0.010
三参数幂函数经验系数a	−0.224*	−0.088	−0.236*	−0.013	0.032	−0.234**

参数	δ_1	δ_2	γ	OM	EC	pH值
三参数幂函数经验系数m	-0.254*	-0.092	-0.049	0.223**	0.226**	0.022
三参数幂函数经验系数b	-0.204*	-0.244*	-0.129	0.267**	0.295**	0.012
指数函数经验系数a	0.219*	0.363**	0.365**	-0.157	-0.258**	-0.067
指数函数经验系数b	0.011	-0.211*	-0.089	-0.254**	0.222*	-0.131

由表4-8可以看出，二参数幂函数a与粉粒含量、容重具有显著正相关性；二参数幂函数m与粉粒含量具有显著正相关性，与有机质含量、电导率具有显著负相关关系；三参数幂函数a与黏粒含量、容重、pH值具有显著负相关关系；三参数幂函数m与有机质含量、电导率具有显著正相关关系，与黏粒含量具有显著负相关性；三参数幂函数b与有机质含量、电导率具有显著正相关关系，与黏粒含量、粉粒含量具有显著负相关性；指数函数a与黏粒含量、粉粒含量、容重具有显著正相关性，与电导率具有显著负相关性；指数函数b与电导率具有显著正相关性，与粉粒含量、有机质含量具有显著负相关性。

根据土壤非饱和导水率模型参数与土壤基本理化参数的Spearman相关性分析，确定二参数幂函数a的自变量为粉粒含量、容重；二参数幂函数m的自变量为粉粒含量、有机质含量、电导率；三参数幂函数a的自变量为黏粒含量、容重、pH值；三参数幂函数m的自变量为黏粒含量、有机质含量、电导率；三参数幂函数b的自变量为黏粒含量、粉粒含量、有机质含量、电导率；指数函数a的自变量为黏粒含量、粉粒含量、容重、电导率；指数函数b的自变量为电导率、粉粒含量、有机质含量。

4.1.3 GA-BP预测模型

（1）GA-BP预测模型构建

本书将试算法和经验公式法相结合，寻找模型最优隐含层节点个数。不同隐含层节点个数条件下，选取各模型参数验证样本训练20次后的AE、RE、RMSE平均值最小最为最优隐含层节点。最终确定指数函数经验系数a的拓扑结构为5-13-1，指数函数经验指数b的拓扑结构为4-12-1。BP神经网络模型的训练次数为3000次，训练目标为0.0001。由于对指数函数经

验系数 a 进行了对数处理，为了达到好的预测效果，该模型参数训练目标为
0.0001，训练次数为 3000 次。

在网络结构和权值、阈值相同的情况下，不同传递函数 BP 神经网络预
测指数函数经验系数 a 绝对误差平均值、相对误差平均值和均方根误差如表
4-9 所列。

表4-9 不同传递函数BP神经网络预测指数函数经验系数a的$\overline{AE}$、$\overline{RE}$、RMSE值

模型参数	隐含层函数	输出层函数	$\overline{AE}$	$\overline{RE}$	RMSE	运行时间	训练步数
	logsig	logsig	0.00019	0.13749	0.02145	4s	394
	logsig	tansig	0.00015	0.01827	0.0214	3s	287
	logsig	purelin	0.00021	0.08311	0.02148	1s	163
指数函数经验系数 a	tansig	logsig	0.000097	0.01847	0.02148	12s	1209
	tansig	tansig	0.000098	0.01794	0.02147	7s	749
	tansig	purelin	0.00018	0.0254	0.02147	11s	1089
	purelin	logsig	—	—	—	无法收敛	无法收敛
	purelin	tansig	—	—	—	无法收敛	无法收敛
	purelin	purelin	—	—	—	无法收敛	无法收敛

因此，选取 tansig-tansig 函数作为模型参数 a 的传递函数。模型参数 b
按照相同的步骤进行计算。最终确定黄土土壤非饱和导水率各模型参数隐含
层、输出层函数如表 4-10 所列。

表4-10 黄土土壤非饱和导水率各模型参数隐含层、输出层函数

模型参数	隐含层函数	输出层函数
二参数幂函数经验系数a	tansig	tansig
二参数幂函数经验系数m	tansig	logsig
三参数幂函数经验系数a	tansig	logsig
三参数幂函数经验系数m	tansig	logsig
三参数幂函数经验系数b	tansig	logsig
指数函数经验系数a	tansig	logsig
指数函数经验系数b	tansig	logsig

本书设定种群规模 $n=20$，进化次数为 200 次，交叉概率为 0.6，变异概
率为 0.01。根据所确定的网络拓扑进行训练，得到训练样本预测值，并与实
测值进行比较，如图 4-7 所示。

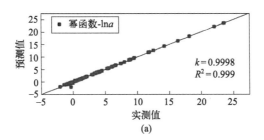

(a)

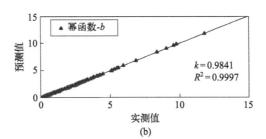

(b)

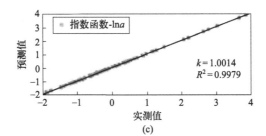

(c)

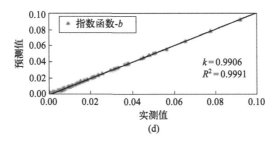

(d)

图4-7

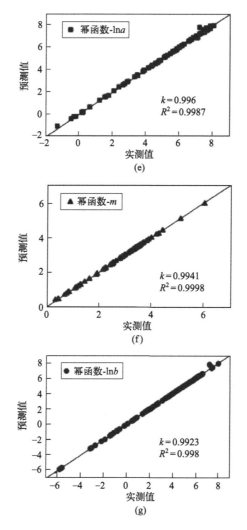

图4-7 BP神经网络模型预测非饱和导水率模型参数训练样本预测值和实测值

由图 4-7 可知，所有训练样本预测值与实测值具有较好的一致性，说明 BP 神经网络土壤传递函数能够以较高的精度表达自变量和因变量间的非线性关系。各模型参数实测值和预测值线性拟合的斜率（k）分别为 1.0014、0.9906，决定性系数（R^2）分别为 0.9979、0.9991。线性拟合的斜率和决定性系数基本接近 1。

对所建立的 BP 神经网络土壤传递函数进行联合检验 F 检验，判别预测模型整体的显著性。检验结果表明所建立的 BP 神经网络土壤传递函数是显著的。

（2）GA-BP 预测模型验证

根据所确定的网络拓扑进行训练，得到验证样本预测值，并与实测值进行比较，如图 4-8 所示。

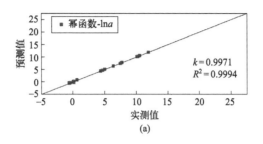

(a)

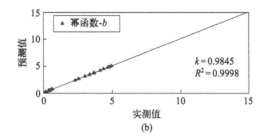

(b)

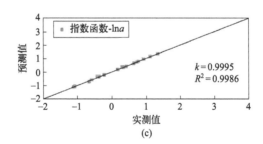

(c)

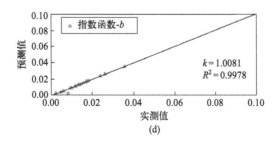

(d)

图4-8

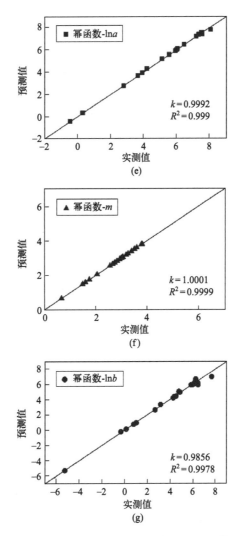

图4-8　BP神经网络模型预测非饱和导水率模型
参数验证样本预测值和实测值

　　由图 4-8 可知，所有验证样本点预测值与实测值具有较好的一致性，说明 BP 神经网络模型能够以较高的精度表达自变量和因变量间的非线性关系。各模型参数实测值和预测值线性拟合的斜率（k）分别为 0.9995、1.0081，决定性系数（R^2）分别为 0.9986、0.9978。线性拟合的斜率和决定性系数基本接近 1。

　　本书将前人报道中采用的三种 BP 神经网络模型（BP、S-BP、GA-BP）对数据进行验证。BP 代表传统 BP 人工神经网络，S-BP 代表在 Spearman 相关性分析对自变量进行筛选基础上的 BP 神经网络模型、GA-BP 代表基于遗传算法的 BP 神经网络。所提出的模型为 S-GA-BP，代表基于 Spearman 相关性分析与遗传算法的 BP 人工神经网络模型。四种不同模型预测训练样本 AE、RE、RMSE 平均值如图 4-9 所示（彩图见文后）。

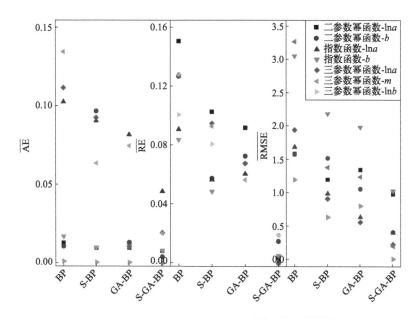

图4-9 四种不同模型预测训练样本$\overline{AE}$、$\overline{RE}$、$\overline{RMSE}$值

由图 4-9 可以看出，所采用的 S-GA-BP 模型预测精度明显优于前三种模型。传统 BP 神经网络预测对七个模型参数预测所得平均绝对误差$\overline{AE}$、平均相对误差$\overline{RE}$、平均均方根误差$\overline{RMSE}$值为 0.0561、0.116、2.055；S-BP 模型对七个模型参数预测所得平均绝对误差$\overline{AE}$、平均相对误差$\overline{RE}$、平均均方根误差$\overline{RMSE}$值为 0.0523、0.0766、1.271；GA-BP 模型对七个模型参数预测所得平均绝对误差$\overline{AE}$、平均相对误差$\overline{RE}$、平均均方根误差$\overline{RMSE}$值为 0.0291、0.149、1.099；S-GA-BP 模型对七个模型参数预测所得平均绝对误差$\overline{AE}$、平均相对误差$\overline{RE}$、平均均方根误差$\overline{RMSE}$值为 0.0151、0.00937、0.476。分析认为传统 BP 神经网络将所有理化参数作为自变量进行训练，未对输入参数进行预处理，导致输入数据冗余，非线性映射关系复杂，加大了运算难度，加长了运算时间，预测效果较差。S-BP 模型采用

Spearman 相关性分析对自变量进行筛选，简化了自变量间的非线性映射关系，预测效果有所提高。GA-BP 模型对运算过程中的权值和阈值进行优化选择，优化了运算过程，进而提高了预测效果。综上所述，所用 S-GA-BP 模型通过对自变量、运算过程两个方面的优化，很大程度地提高了预测精度，预测效果优于传统模型。

4.1.4　PSO-SVM预测模型

（1）PSO-SVM 预测模型构建

根据粒子群算法优化流程，最终确定各模型（C，g，ε）参数组合如表 4-11 所列。

表4-11　各模型参数最优（C，g，ε）组合

模型参数	C	g	ε
二参数幂函数经验系数a	87.312	0.035	2.311×10^{-4}
二参数幂函数经验系数m	79.517	0.027	2.019×10^{-4}
三参数幂函数经验系数a	81.355	0.034	0.973×10^{-4}
三参数幂函数经验系数m	67.027	0.157	1.351×10^{-4}
三参数幂函数经验系数b	73.281	1.012	0.779×10^{-4}
指数函数经验系数a	68.999	0.933	0.995×10^{-4}
指数函数经验指数b	95.861	0.0061	3.234×10^{-4}

根据所确定的支持向量机模型进行训练，得到训练样本预测值，并与实测值进行比较，如图 4-10 所示。

由图 4-10 可知，所有建模样本点预测值与实测值均匀分布在 1∶1 线上，说明基于粒子群优化算法的支持向量机模型能够以较高的精度表达自变量和因变量间的非线性关系。各模型参数线性拟合的斜率（k）分别为 0.9982、0.9961、0.9942、0.997、0.9978、0.9961、0.9935，决定性系数（R^2）分别为 0.9998、0.9974、0.9998、0.9997、0.9999、0.9975、0.9996。线性拟合的斜率和决定性系数基本接近 1，说明建模样本的预测值和实测值具有较好的一致性。

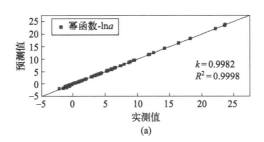

(a)

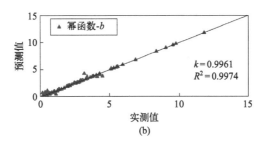

(b)

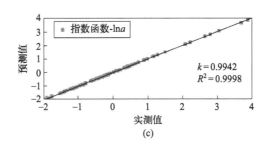

(c)

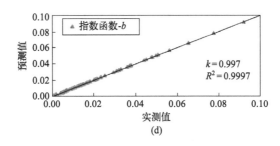

(d)

图4-10

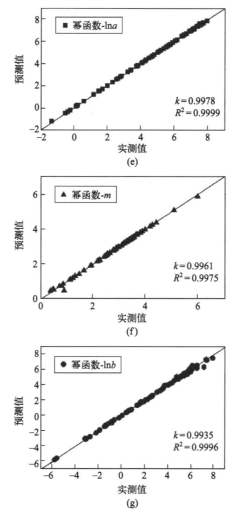

图4-10　SVM模型预测非饱和导水率模型
参数训练样本预测值和实测值

对所建立的基于粒子群算法优化的支持向量机模型进行联合检验 F 检验，判别预测模型整体的显著性。检验结果表明所建立的支持向量机模型是显著的。

（2）PSO-SVM 预测模型验证

根据所确定的 SVM 模型进行训练，得到训练样本预测值，并与实测值进行比较，如图 4-11 所示。

由图 4-11 可知，所有建模样本点预测值与实测值均匀分布在 1∶1 线上，说明基于粒子群优化算法的支持向量机模型能够以较高的精度表达自变量和因变量间的非线性关系。各模型参数线性拟合的斜率（k）分别为 0.9971、0.9938、0.9988、1.0094、0.9968、0.9903、0.9991，决定性系数（R^2）分别为 0.9994、0.9925、0.9999、0.9993、0.9999、0.9993、0.9999。线性拟合的斜率和决定性系数基本接近 1，说明建模样本的预测值和实测值具有较好的一致性。

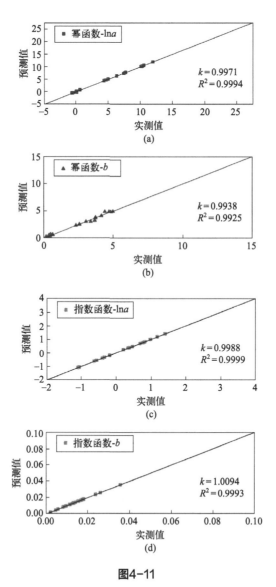

图4-11

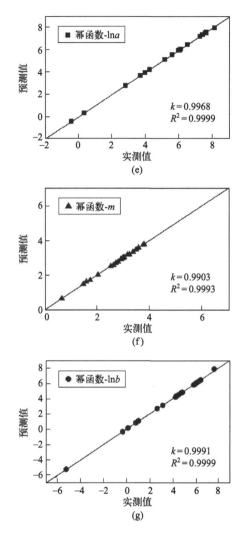

图4-11 SVM模型预测非饱和导水率模型参数验证样本预测值和实测值

本书将前人报道中采用的三种支持向量机模型（SVM、S-SVM、PSOA-SVM）对数据进行验证。SVM 代表传统支持向量机模型，S-SVM 代表在 Spearman 相关性分析对自变量进行筛选基础上的支持向量机模型，PSOA-SVM 代表基于粒子群算法的支持向量机模型。所提出的模型为 S-PSOA-SVM，代表基于 Spearman 相关性分析与粒子群算法的支持向量机模型。四种不同模型预测训练样本 AE、RE、RMSE 平均值如图 4-12 所示（彩图见文后）。

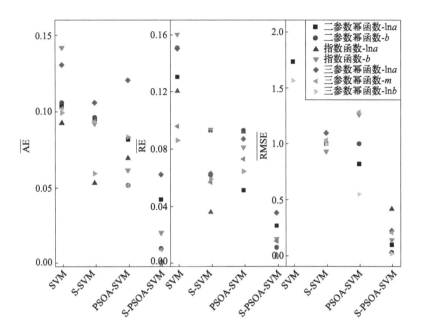

图4-12 四种不同模型预测训练样本$\overline{AE}$、$\overline{RE}$、$\overline{RMSE}$值

由图 4-12 可以看出，所采用的 S-PSOA-SVM 模型预测精度明显优于前三种模型。传统 SVM 模型对七个模型参数预测所得平均绝对误差$\overline{AE}$、平均相对误差$\overline{RE}$、平均均方根误差$\overline{RMSE}$值为 0.111、0.127、2.793；S-SVM 模型对七个模型参数预测所得平均绝对误差$\overline{AE}$、平均相对误差$\overline{RE}$、平均均方根误差$\overline{RMSE}$值为 0.0850、0.0663、1.194；PSOA-SVM 模型对七个模型参数预测所得平均绝对误差$\overline{AE}$、平均相对误差$\overline{RE}$、平均均方根误差$\overline{RMSE}$值为 0.0742、0.0776、1.146；S-PSOA-SVM 模型对七个模型参数预测所得平均绝对误差$\overline{AE}$、平均相对误差$\overline{RE}$、平均均方根误差$\overline{RMSE}$值为 0.0203、0.0171、0.161。分析认为传统 SVM 模型将所有理化参数作为自变量进行训练，未对输入参数进行预处理，导致输入数据冗余，非线性映射关系复杂，使得运算难度加大，运算时间加长，预测效果较差。S-SVM 模型采用 Spearman 相关性分析对自变量进行筛选，简化了自变量间的非线性映射关系，使得预测效果有所提高。PSOA-SVM 模型对运算过程中的

模型（C, g, ε）参数组合进行优化选择，进而优化了运算过程，使得预测效果有所提高。综上所述，所用 S-PSOA-SVM 模型通过对自变量、运算过程两个方面的优化，很大程度上提高了预测精度，预测效果优于传统模型。

4.1.5 预测模型优选

（1）参数预测模型误差比较

对计算所得土壤非饱和导水率模型参数预测值与实测值的相对误差、绝对误差、均方根误差进行计算。结果如图 4-13、图 4-14 所示（彩图见文后）。

由图 4-13、图 4-14 可以看出，采用基于遗传算法的 BP 神经网络土壤传递函数与基于粒子群算法优化的支持向量机土壤传递函数均能较好地预测黄土土壤非饱和导水率模型参数，两种方法对于训练样本具有较好的拟合能力，对于验证样本具有较好的泛化能力。采用基于遗传算法的 BP 神经网络土壤传递函数对训练样本预测黄土土壤非饱和导水率模型参数平均绝对误差$\overline{\mathrm{AE}}$、平均相对误差$\overline{\mathrm{RE}}$、平均均方根误差$\overline{\mathrm{RMSE}}$值分别为 0.0203、0.0170、0.476；对验证样本预测黄土土壤非饱和导水率模型参数平均绝对误差$\overline{\mathrm{AE}}$、平均相对误差$\overline{\mathrm{RE}}$、平均均方根误差$\overline{\mathrm{RMSE}}$值分别为 0.0182、0.0210、0.517。采用基于粒子群算法优化的支持向量机土壤传递函数对训练样本预测黄土土壤非饱和导水率模型参数平均绝对误差$\overline{\mathrm{AE}}$、平均相对误差$\overline{\mathrm{RE}}$、平均均方根误差$\overline{\mathrm{RMSE}}$值分别为 0.0151、0.00937、0.161；对验证样本预测黄土土壤非饱和导水率模型参数平均绝对误差$\overline{\mathrm{AE}}$、平均相对误差$\overline{\mathrm{RE}}$、平均均方根误差$\overline{\mathrm{RMSE}}$值分别为 0.0139、0.0161、0.394。采用基于粒子群算法优化的支持向量机土壤传递函数对各模型参数预测所得相对误差最大值、相对误差平均值、绝对误差最大值、绝对误差平均值与 RMSE 值均小于采用基于遗传算法的 BP 神经网络土壤传递函数。因此，就误差比较而言，推荐使用基于粒子群算法优化的支持向量机土壤传递函数获取黄土土壤非饱和导水率值。

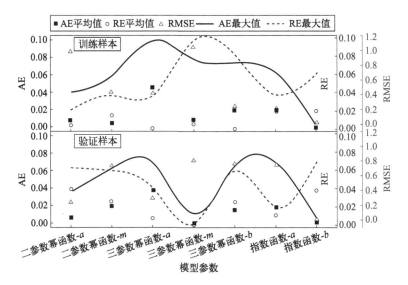

图4-13 基于遗传算法的BP神经网络土壤传递函数计算所得训练样本与验证样本
非饱和导水率模型参数预测值与实测值间的相对误差、绝对误差和均方根误差

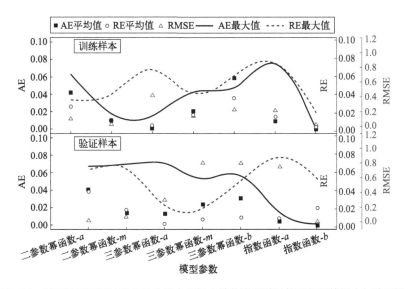

图4-14 基于粒子群算法优化的支持向量机土壤传递函数计算所得训练样本与验证样本
非饱和导水率模型参数预测值与实测值间的相对误差、绝对误差和均方根误差

（2）参数预测模型综合误差比较

将三种模型计算所得土壤非饱和导水率模型参数预测值代入二参数指数模型，计算给定吸力条件下的土壤非饱和导水率值，并与该吸力条件下的实测值进行比较，将各吸力条件下的非饱和导水率 AE、RE、RMSE 值计算平均值，作为整个土壤非饱和导水率的平均绝对误差$\overline{AE}$、平均相对误差$\overline{RE}$、平均均方根误差$\overline{RMSE}$值。训练样本与验证样本计算结果如表 4-12 所列。

表4-12　计算所得训练样本和验证样本土壤非饱和导水率模型参数预测值与实测值的相对误差、绝对误差、均方根误差

样本	拟合模型	AE		RE		RMSE	
		模型1	模型2	模型1	模型2	模型1	模型2
训练样本	二参数幂函数	0.0542	0.0517	0.0407	0.0428	0.503	0.473
	三参数幂函数	0.0671	0.0428	0.0518	0.0401	0.591	0.412
	指数函数	0.0503	0.0413	0.0431	0.0381	0.492	0.394
验证样本	二参数幂函数	0.0603	0.0517	0.0459	0.0401	0.611	0.593
	三参数幂函数	0.0592	0.0508	0.0492	0.0532	0.592	0.608
	指数函数	00509	0.0425	0.0493	0.0400	0.403	0.429

注：模型1指基于遗传算法的BP神经网络模型，模型2指基于粒子群算法优化的SVM模型。

由表 4-12 可以看出，采用基于遗传算法的 BP 神经网络模型与基于粒子群优化算法的支持向量机模型均能较好地预测黄土土壤非饱和导水率值与吸力值间的关系。采用二参数指数函数与基于粒子群算法优化的支持向量机土壤传递函数相结合对训练样本黄土土壤非饱和导水率进行预测所得平均绝对误差$\overline{AE}$、平均相对误差$\overline{RE}$、平均均方根误差$\overline{RMSE}$值分别为 0.0413、0.0381、0.394，对训练样本具有较强的训练能力；对验证样本黄土土壤非饱和导水率进行预测所得平均绝对误差$\overline{AE}$、平均相对误差$\overline{RE}$、平均均方根误差$\overline{RMSE}$值分别为 0.0425、0.0400、0.429，对验证样本具有较强的泛化能力。

采用基于粒子群优化算法的支持向量机土壤传递函数对不同质地、不同结构、不同有机质含量土壤非饱和导水率进行拟合，实测值与预测值比较如

图 4-15 所示（彩图见文后），拟合所得决定性系数 R^2、均方根误差 RMSE 如表 4-13 所列。

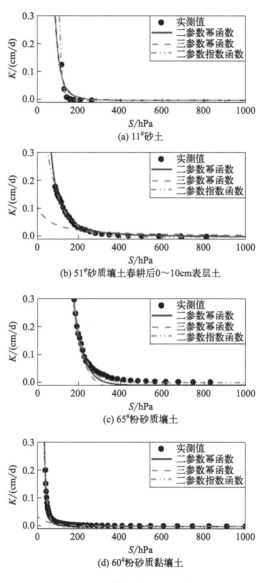

(a) 11#砂土

(b) 51#砂质壤土春耕后0～10cm表层土

(c) 65#粉砂质壤土

(d) 60#粉砂质黏壤土

图4-15

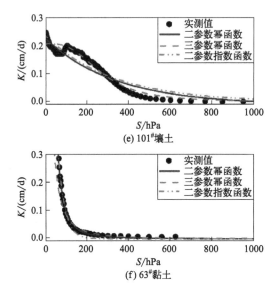

图4-15 采用基于粒子群优化的支持向量机土壤传递函数对
不同质地土壤的非饱和导水率拟合值与实测值比较

表4-13 采用基于粒子群优化的支持向量机土壤传递函数对不同土壤非饱和
导水率模型参数预测值与实测值的决定性系数和均方根误差

样本编号	R^2	RMSE
11#	0.9994	0.001217
51#	0.9977	0.002928
65#	0.9671	0.007927
60#	0.9877	0.01371
101#	0.991	0.009029
63#	0.9706	0.0218

由图4-15、表4-13可以看出，二参数指数函数模型对六种不同质地、不同结构、不同有机质含量的原状土壤拟合效果较好，决定性系数R^2较大，均方根误差值较小。因此，推荐使用二参数指数函数与基于粒子群算法优化的支持向量机土壤传递函数相结合的方法作为获取黄土土壤非饱和导水率的最优方法。

4.2 土壤水分特征曲线预测模型

土壤水分特征曲线作为非饱和带内土壤水分的基本特性曲线之一，是土壤含水率和土壤水吸力的关系曲线，表征了土壤水能量和数量间的关系。它能够反映土壤持水、保水的基本特性[175]，对研究土壤水分入渗和蒸发过程，土壤内污染物的迁移、累积、营养物质的分布、转换等溶质运移过程具有基础价值。由于土壤水分特征曲线主要受到土壤孔隙结构的影响，而影响土壤孔隙结构的因素十分复杂，现有的大部分研究其研究对象均为对扰动土，而扰动土与原状土的土壤孔隙结构差距较大，通过直接试验方法获取土壤水分特征曲线存在试验周期长、成本高、技术要求高等缺点，因此，本章试图以大量试验结果为依据，建立土壤水分特征曲线的预报模型，以解决原状土壤水分特征曲线难以获取的难题。

4.2.1 主导因素分析

（1）土壤质地对土壤水分特征曲线的影响

土壤是由体积大小相异的颗粒所组成的，不同大小颗粒所占的相对比例为土壤的机械组成，表现为土壤质地的差异。土壤质地影响着土壤的通气、持水和保水性能，也决定着土壤的结构种类。

图 4-16（a）（彩图见文后）为五种不同质地（不同黏粒、粉粒含量）土壤水分特征曲线，为了更清晰地区别近饱和阶段不同质地的土壤水分特征曲线，将 0 ～ 100hPa 范围内土壤水分特征曲线进行放大，如图 4-16（b）所列（彩图见文后）。各质地土壤其他理化参数如表 4-14 所列。拟合所得模型参数值如表 4-15 所列。

表4-14　不同质地土壤理化参数

土壤理化参数	砂土	壤土	粉砂质壤土	粉砂质黏壤土	壤质黏土	黏土
δ_1/%	0	2.02	5.837	24.261	38.341	46.935
δ_2/%	0	35.439	60.173	60.35	59.593	21.374
δ_3/%	100	62.541	33.99	15.389	2.066	31.691
γ/(g/kg)	1.363±0.2					
OM/%	1.627±0.21					
EC/(S/m)	0.14±0.06					
pH值	7.91±0.39					

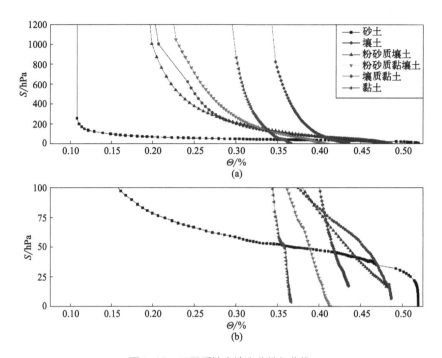

图4-16 不同质地土壤水分特征曲线

表4-15 不同质地土壤水分特征曲线模型参数值

土壤质地	BC-α/cm^{-1}	BC-λ	vG-α/cm^{-1}	vG-n	FX-α/cm	FX-n	FX-m
砂土	0.02330	1.86600	0.0190	4.8730	0.02170	8.31900	0.58300
壤土	0.02170	0.48900	0.0123	2.2010	0.01610	4.95900	0.18600
粉砂质壤土	0.02790	0.25200	0.0145	1.5520	0.01280	2.06300	0.33500
粉砂质黏壤土	0.01480	0.19600	0.0080	1.3980	0.00625	1.40300	0.51300
壤质黏土	0.02930	0.10000	0.0431	1.0760	0.00007	1.00500	0.05000
黏土	0.00222	0.47300	0.0010	2.7160	0.00071	2.41000	3.27100

试验结果表明：

① 不同质地的土壤，其土壤水分特征曲线具有显著差别。随着土壤质地由轻变重，在同一吸力条件下，土壤的含水率越来越大。土壤质地是土壤中固相物质各粒级土粒的配合比例，不同质地的土壤，其土壤内孔隙尺度和分布相差较大，进而影响了土壤水分特征曲线。土壤质地越重，黏粒含量越高，颗粒越细小，颗粒间孔隙越小，大孔隙越少，中小孔隙越多，同一吸力条件

下，所持水量越多，土壤的含水率越大。

② 不同质地土壤水分特征曲线进气值相差较大。黏粒含量越高的土壤，在同一含水率条件下所对应的土壤吸力越高，这是因为土壤中黏粒含量增加，使得土壤中细小孔隙发育，土壤基质势较大，土壤的保水性能增强，表现为进气吸力的增大，vG-α、FX-α值随着黏粒含量的增加而减小。

③ 随着黏粒含量的增加，土壤水分特征曲线的斜率相差较大。这是由于黏粒含量越高的土壤，土壤内孔径的分布越均匀[176]，中小孔隙发育，土壤颗粒表面能增大，土体中毛管作用增强，土壤持水能力增强，故随着吸力的增加，含水率缓慢减小，表现为 vG-n、FX-n、FX-m 值呈现逐渐减小的趋势。如图 5-1，中砂土、壤土土壤水分特征曲线可看出，对于黏粒含量较小的土壤而言，绝大部分孔隙都比较大，当吸力达到进气吸力后，这些大孔隙中的水首先排空，土壤中仅留存少量的水[177]，因此，土壤水分特征曲线呈现出一定吸力以下缓平，较大吸力时陡直的特点。

在样本数据集中选取其他理化参数基本不变，黏粒或粉粒含量单一变化的 5～6 组数据，进行土壤质地与土壤水分特征曲线模型参数数量关系分析，如图 4-17 所示，数量关系表达式如表 4-16 所列。

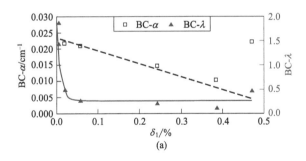

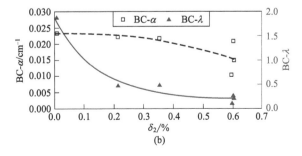

图4-17

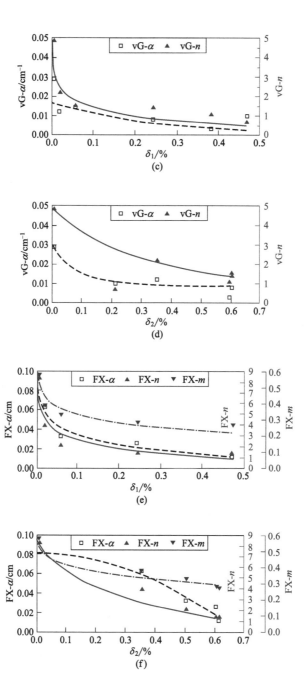

图4-17 黏粒、粉粒含量与土壤水分特征曲线模型
参数数量关系（彩图见文后）

表4-16 土壤黏粒、粉粒含量与模型参数数量关系表达式

参数	δ_1	R^2	δ_2	R^2
BC-α	$\alpha=c_1+c_2\delta_1$	0.958	$\alpha=c_1+c_2c_3^{\delta_2}$	0.903
BC-λ	$\lambda=c_1-c_2c_3^{\delta_1}$	0.965	$\lambda=c_1-c_2c_3^{\delta_2}$	0.977
vG-α	$\alpha=c_1e^{bc_2\delta_1}$	0.908	$\alpha=c_1-c_2c_3^{\delta_2}$	0.907
vG-n	$n=c_1\ln(\delta_1-c_2)$	0.942	$n=c_1e^{c_2\delta_2}$	0.973
FX-α	$\alpha=c_1\ln(\delta_1-c_2)$	0.973	$\alpha=c_1+c_2c_3^{\delta_2}$	0.965
FX-n	$n=c_1\ln(\delta_1-c_2)$	0.908	$n=c_1\ln(\delta_2-c_2)$	0.961
FX-m	$m=c_1-c_2\ln(\delta_1+c_3)$	0.907	$m=c_1+c_2c_3^{\delta_2}$	0.877

由图4-17、表4-16可以看出土壤黏粒、粉粒含量与不同的模型参数具有不同的数量关系。黏粒含量与BC-α呈线性关系,与BC-λ、vG-α呈指数函数关系,与vG-n、FX-α、FX-n、FX-m呈对数函数关系;粉粒含量与BC-α、BC-λ、vG-α、vG-n、FX-α、FX-m呈指数函数关系,与FX-n呈对数函数关系。

（2）土壤结构对土壤水分特征曲线的影响

土壤由于受内部、外部的共同作用,土壤砂粒、黏粒、粉粒与孔隙形成了三维立体结构,称为土壤结构。土壤结构能够反映出土壤的孔隙状况、密实程度和板结程度。本书以土壤干容重作为反映土壤结构的指标。粉砂质壤土不同容重条件下土壤水分特征曲线如图4-18所示。拟合所得模型参数值如表4-17所列。

表4-17 不同结构土壤水分特征曲线模型参数

土壤容重γ /(g/cm^3)	BC-α /cm^{-1}	BC-λ	vG-α /cm^{-1}	vG-n	FX-α /cm	FX-n	FX-m
0.964	0.02	0.389	0.0327	2.126	0.0164	3.559	0.456
1.251	0.0167	0.265	0.0175	1.893	0.0132	2.284	0.244
1.292	0.0123	0.23	0.01426	1.731	0.00962	2.189	0.222
1.373	0.012	0.194	0.0117	1.682	0.00953	1.748	0.217
1.52	0.01023	0.15	0.0108	1.487	0.00584	1.198	0.149

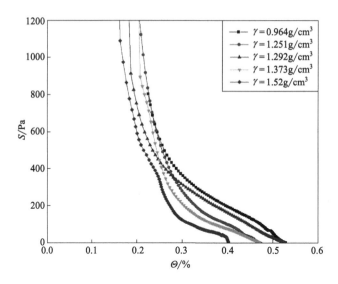

图4-18 不同容重土壤水分特征曲线

试验结果表明：

① 土壤结构对土壤水分特征曲线有显著影响。随着容重的增加，土壤水分特征曲线呈现出向左平移的趋势，土壤结构由疏松变密实，土壤的持水、保水性能整体增强。

② 土壤水分特征曲线受土壤结构的影响，在低吸力范围内尤为明显。相较于前人对于土壤结构对土壤水分特征曲线全阶段的影响分析，低吸力阶段土壤水分特征曲线呈现出更大的变异性。土壤结构由疏松到密实，土壤内大孔隙数量越少，中小孔隙数量增多。因此，在同一吸力条件下，随着容重的增大，含水率增大。

③ 土壤结构对土壤饱和含水率有显著影响。随着容重的增加，土壤饱和含水率逐渐减小，土壤结构由疏松变密实，土壤内大孔隙减小，因此在饱和状态下，所持水量会减少。

不同的土壤结构其板结程度、密实度与孔隙状况（孔隙大小、分布和连通性）均不同。土壤结构通过对土壤孔隙状况的产生影响，影响了土壤水力运动的驱动力-土水势梯度，从而影响了土壤的持水、保水能力。当土壤质地一定时，不同结构的土壤颗粒组成基本相同，但随着土壤由疏松变密实，土壤容重增大、土壤内孔隙减少、孔隙尺度减小、连通性变差，因此土壤含水量相同时，土壤水吸力增大，在低吸力阶段，土壤的持水、保水性能增强。

在样本数据集中选取其他理化参数基本不变，土壤容重单一变化的 5 组数据，进行土壤结构与土壤水分特征曲线模型参数数量关系分析，如图 4-19 所示，数量关系表达式如表 4-18 所列。

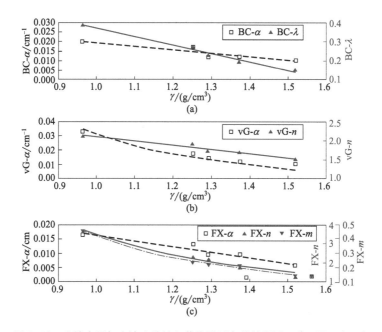

图4-19 土壤容重与土壤水分特征曲线模型参数数量关系（彩图见文后）

表4-18 土壤容重与土壤水分特征曲线模型参数数量关系表达式

参数	γ	R^2
vG-α	$\alpha = c_1 \ln(\gamma - c_2)$	0.904
vG-n	$n = c_1 + c_2 \gamma$	0.965
BC-α	$\alpha = c_1 + c_2 \gamma$	0.989
BC-λ	$\lambda = c_1 + c_2 \gamma$	0.988
FX-α	$\alpha = c_1 + c_2 \gamma$	0.925
FX-n	$n = c_1 \gamma^{c_2}$	0.978
FX-m	$m = c_1 \gamma^{c_2}$	0.961

由图 4-19、表 4-18 可以看出土壤容重与不同的模型参数具有不同的数量关系。土壤容重与 BC-α、BC-λ、vG-n、FX-α 呈线性关系，与 FX-n、FX-m 呈幂函数关系，与 vG-α 呈对数函数关系。

（3）土壤有机质含量对土壤水分特征曲线的影响

土壤有机质是指土壤中的含碳有机物质，主要包括动植物残体、微生物体及由其分解合成的有机物质，是描述土壤肥力状况的土壤化学性质之一。虽然所占比例不大，但对土壤孔隙分布、结构状态等方面都有重要的作用。图 4-20 反映了粉砂质壤土三种不同有机质含量条件下的土壤水分特征曲线。拟合所得模型参数值如表 4-19 所列。

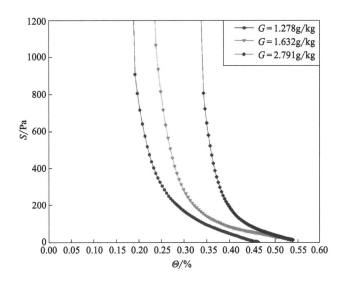

图4-20 不同有机质含量土壤水分特征曲线

表4-19 不同有机质含量土壤水分特征曲线模型参数

土壤有机质含量G /(g/kg)	BC-α /cm^{-1}	BC-λ	vG-α /cm^{-1}	vG-n	FX-α /cm	FX-n	FX-m
1.278	0.0163	0.236	0.0128	1.62	0.0148	1.616	0.542
1.632	0.0162	0.227	0.0114	1.603	0.0137	1.567	0.528
2.791	0.0138	0.212	0.0103	1.533	0.0105	1.487	0.435

试验结果表明：

① 土壤有机质含量对土壤水分特征曲线有显著影响。随着土壤有机质含量的增加，土壤水分特征曲线呈现出向右平移的趋势，同一吸力条件下，土壤含水率增大。

② 土壤有机质含量对土壤饱和含水率有显著影响。随着有机质含量的

增大，土壤饱和含水率逐渐增大。

③ 土壤有机质含量对土壤进气值有显著影响。随着土壤有机质含量的增大，土壤进气值逐渐减小。

土壤有机质是组成土壤固相物质中必不可少的成分，也是一项重要的土壤化学性质。土壤有机质含量是土壤中含有无机碳的胶结物质占土壤重量的百分比，主要由化学结构单一的单糖与多糖、化学结构复杂的腐殖质及其降解类产物构成。这些胶结物质的存在使得土粒间的黏结性增强，并与土壤中的矿物形成团粒结构，与此同时，有机质中的单糖与多糖成分、腐殖质及降解类产物通过化学机制以胶膜的形式包裹在土粒的表面，因此，土壤有机质含量的增大，改变了土壤内的孔隙结构，进而对土壤水分特征曲线产生影响。土壤有机质含量多，团粒结构相对增多，土壤孔隙尺度增大，总孔隙度增大，在同一吸力条件下，所持水量增多。

在样本数据集中选取其他理化参数基本不变，有机质含量单一变化的5组数据，进行土壤有机质含量与土壤水分特征曲线模型参数数量关系分析，如图4-21所示，数量关系表达式如表4-20所列。

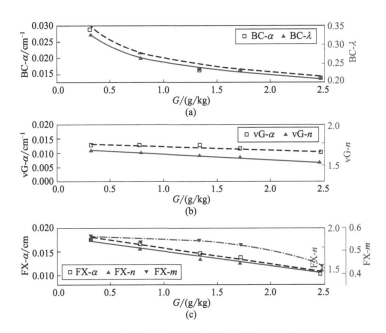

图4-21 有机质含量与土壤水分特征曲线模型参数
数量关系（彩图见文后）

表4-20　土壤有机质含量与模型参数数量关系表达式

参数	G	R^2
BC-α	$\alpha=c_1G^{c_2}$	0.977
BC-λ	$\lambda=c_1G^{c_2}$	0.997
vG-α	$\alpha=c_1+c_2G$	0.912
vG-n	$n=c_1+c_2G$	0.985
FX-α	$\alpha=c_1+c_2G$	0.983
FX-n	$n=c_1+c_2G$	0.954
FX-m	$m=c_1e^{c_2G}$	0.976

由图 4-21、表 4-20 可以看出土壤有机质含量与不同的模型参数具有不同的数量关系。土壤有机质含量与 vG-α、vG-n、FX-α、FX-n 呈线性函数关系，与 FX-m 呈幂函数关系。

4.2.2　自变量的确定

在机理分析的基础上，运用 Spearman 相关性分析进行主要因素的进一步筛选。土壤水分特征曲线三种不同模型参数与土壤理化参数相关性系数如表 4-21 所列。

表4-21　土壤水分特征曲线模型参数与各理化参数 Spearman 相关性分析表

参数	δ_1	δ_2	γ	OM	EC	pH值
BC-α	0.151	0.359**	−0.210*	−0.54	−0.477**	0.224*
BC-λ	−0.507**	−0.177	−0.174	−0.300**	0.072	−0.264*
vG-α	0.098	0.386**	−0.227*	−0.037	−0.442**	0.219*
vG-n	−0.550**	−0.217*	−0.147	−0.217*	0.433**	−0.086
FX-α	0.274**	0.370**	−0.344**	−0.123	−0.351**	0.210*
FX-n	−0.176	−0.220*	−0.014	0.287*	0.348**	−0.131
FX-m	0.205*	−0.113	0.286**	0.203*	0.123	−0.062

注：**表示 $P<0.01$ 时，相关性是显著的；*表示 $P<0.05$ 时，相关性是显著的。

由表 4-21 可以看出，vG-α 与粉粒含量、pH 值具有显著正相关性，与容重、电导率具有显著负相关性；vG-n 与黏粒、粉粒含量均具有显著负相关性；FX-α 与黏粒含量、粉粒含量、pH 值均具有显著正相关性，与容重具有显著负相关性；FX-n 与电导率具有显著正相关性，与粉粒含量具有显著负相关性；FX-m 与黏粒含量具有显著正相关性。

根据土壤水分特征曲线模型参数与土壤基本理化参数的 Spearman 相关性分析，确定 vG-α 的自变量为粉粒含量、容重、pH 值、电导率；vG-n 的自变量为黏粒、粉粒含量、有机质含量、电导率；FX-α 的自变量为黏粒含量、粉粒含量、容重、pH 值、电导率；FX-n 的自变量为粉粒含量、有机质含量、电导率；FX-m 的自变量为黏粒含量、容重和有机质含量。

4.2.3 非线性模型预测

4.2.3.1 NRAM预测模型构建

（1）单因素函数形式的确定

土壤水分特征曲线各模型参数与土壤基本理化性质参数的单因素函数形式如第 3 章中所示。在模型样本中选取其他理化参数基本相同，pH 值、电导率、和各盐分离子单一变化的数据，进行单因素函数形式的确定。pH 值、电导率和盐分离子单因素函数形式如表 4-22 所列。

表4-22　土壤水分特征曲线模型参数单因素函数形式

模型参数	pH值	EC
BC-α	$\alpha=c_1\ln(\mathrm{pH}-c_2)$	$\alpha=c_1\mathrm{e}^{c_2 x}$
BC-λ	$\lambda=c_1\ln(\mathrm{pH}-c_2)$	$\lambda=c_1\ln(x-c_2)$
vG-α	$\alpha=c_1\ln(\mathrm{pH}-c_2)$	$\alpha=c_1\mathrm{e}^{c_2 x}$
vG-n	$n=c_1\ln(\mathrm{pH}-c_2)$	$n=c_1\ln(x-c_2)$
FX-α	$\alpha=c_1\ln(\mathrm{pH}-c_2)$	$\alpha=c_1\mathrm{e}^{c_2 x}$
FX-n	$n=c_1\ln(\mathrm{pH}-c_2)$	$n=c_1\mathrm{e}^{c_2 x}$
FX-m	$m=c_1\mathrm{e}^{c_2\mathrm{pH}}$	$m=c_1\mathrm{e}^{c_2 x}$

（2）非线性模型的初始结构

在单因素函数形式确定的基础上，将各自变量进行叠加，确定各土壤水分特征曲线模型参数的多元非线性土壤传递函数初始结构。利用 1StOpt 软件进行参数拟合，调用 Matlab 软件中 t 检验程序，对非线性模型中各自变量进行 t 检验，以判别各系数的显著性，即剔除每次检验中 t 值最小的项，直至所有自变量项的 $|t|\geqslant t_{0.05/2}$ 为止。

（3）模型建立

在各自变量均显著的基础上，运用 1StOpt 软件进行模型参数二次拟合。

再次调用 Matlab 软件中 t 检验程序，对非线性模型中各自变量进行 t 检验，检验结果表明模型中各参数均显著。

根据所确定的网络拓扑进行训练，得到训练样本预测值，并与实测值进行比较，如图 4-22 所示。

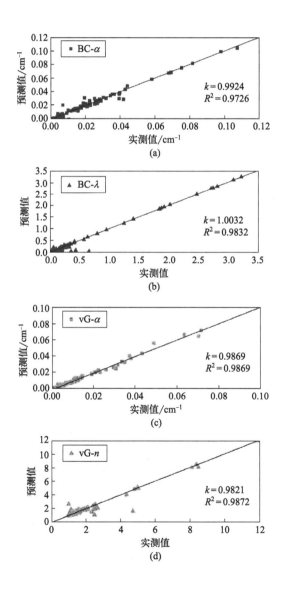

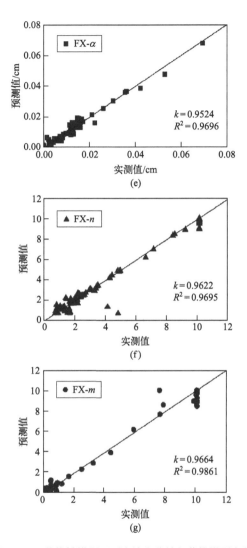

图4-22　非线性模型预测土壤水分特征曲线模型参数
训练样本预测值和实测值

　　由图4-22可知，所有建模样本点预测值与实测值均匀分布在1∶1线上，说明BP神经网络模型能够以较高的精度表达自变量和因变量间的非线性关系。各模型参数线性拟合的斜率（k）分别为1.007、0.9988、0.9949、1.008、0.9879、1.001、0.9931，决定性系数（R^2）分别为0.9998、0.9997、0.9995、0.9992、0.9995、0.9999、0.9997。线性拟合的斜率和决定性系数基本接近1，说明建模样本的预测值和实测值具有较好的一致性，所建立的多元非线性土壤传递函数具有较好的拟合能力。

（4）模型显著性检验

对所建立的多元非线性模型通过联合检验 F 检验，在给定显著水平 α（$\alpha=0.05$）下，查得相应的 $F_{0.05}$，并计算预测模型的 F 值，比较 F 值和 $F_{0.05}$，判别预测模型整体的显著性。计算所得模型参数的 F 值（$87.211 \sim 205.528$）均大于对应的 $F_{0.05}$ 值（$1.914 \sim 2.404$），由此可以判断所建立的非线性回归模型是显著的。

4.2.3.2　NRAM预测模型验证

根据所确定的非线性模型进行训练，得到训练样本预测值，并与实测值进行比较，如图4-23所示。

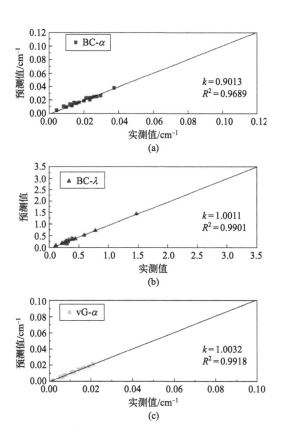

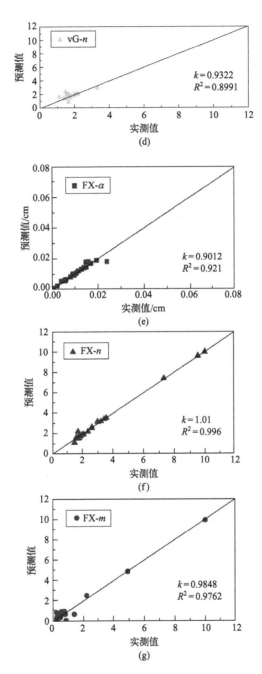

图4-23 非线性模型预测土壤水分特征曲线模型参数
训练样本预测值和实测值

由图可知，所有建模样本点预测值与实测值均匀分布在 1:1 线上，说明多元非线性模型能够以较高的精度表达自变量和因变量间的非线性关系。各模型参数线性拟合的斜率（ k ）分别为 0.9013、1.0011、1.0032、0.9322、0.9012、1.01、0.9848，决定性系数（ R^2 ）分别为 0.9689、0.9901、0.9918、0.8991、0.921、0.996、0.9762。线性拟合的斜率和决定性系数基本接近 1，说明建模样本的预测值和实测值具有较好的一致性，所建立的多元非线性土壤传递函数具有较好的泛化能力。

为了验证多元非线性土壤传递函数对预测效果的提高，将多元非线性土壤传递函数与传统多元线性传递函数进行比较。

由表 4-23 可以看出，所采用的非线性模型预测精度明显优于线性模型。传统线性模型对七个模型参数预测所得 $\overline{AE}$、$\overline{RE}$、$\overline{RMSE}$ 值为 0.437、0.379、2.216；非线性模型对七个模型参数预测所得 $\overline{AE}$、$\overline{RE}$、$\overline{RMSE}$ 值为 0.121、0.614、0.436。分析认为传统线性模型未对输入参数进行非线性化处理，不能够反映自变量与因变量间的非线性关系，使得预测效果较差。所提出的非线性模型，在保持模型形式简单的基础上，很大程度上提高了预测的精度，提高了预测效果。

表4-23 两种不同模型预测训练样本 $\overline{AE}$、$\overline{RE}$、$\overline{RMSE}$ 值

模型			线性	非线性
$\overline{AE}$	vG	α	0.01054	0.00105
		n	0.71407	0.21407
	FX	α	0.01462	0.00146
		n	0.8895	0.2895
		m	0.88795	0.28795
$\overline{RE}$	vG	α	0.18394	0.08394
		n	0.35	0.11
	FX	α	0.68476	3.68476
		n	0.39	0.11487
		m	0.49607	0.09607
$\overline{RMSE}$	vG	α	1.77	0.01478
		n	1.82808	0.82808

续表

模型			线性	非线性
$\overline{\text{RMSE}}$	FX	α	1.92	0.01213
		n	3.44728	0.44728
		m	3.93438	0.93438

4.2.4　GA-BP预测模型

（1）GA-BP 预测模型构建

本书采用试算法和经验公式法相结合，寻找模型最优隐含层节点个数。不同隐含层节点个数条件下，选取各模型参数训练 20 次后的 AE、RE、RMSE 平均值最小为最优隐含层节点。最终确定 BC-α 最优神经网络结构为 7-13-1，BC-λ 为 6-8-1，vG-α 为 7-10-1，vG-n 为 4-12-1，FX-α 为 6-6-1，FX-n 为 6-12-1，FX-m 为 6-12-1。BP 神经网络模型的训练次数为 3000 次，训练目标为 0.0001。

按照训练时间短、训练步数少、绝对误差平均值、相对误差平均值和均方根误差最小的原则，进行多次训练，最终确定黄土土壤水分特征曲线各模型参数隐含层函数、输出层函数如表 4-24 所列。

表4-24　黄土土壤水分特征曲线各模型参数隐含层函数、输出层函数

模型参数	隐含层函数	输出层函数
BC-α	tansig	tansig
BC-λ	tansig	logsig
vG-α	tansig	tansig
vG-n	tansig	tansig
FX-α	logsig	tansig
FX-n	tansig	logsig
FX-m	logsig	tansig

本书设定种群规模 $n=20$，进化次数为 200 次，交叉概率为 0.6，变异概率为 0.01。

根据所确定的网络拓扑结构进行训练，得到训练样本预测值，并与实测值进行比较，如图 4-24 所示。

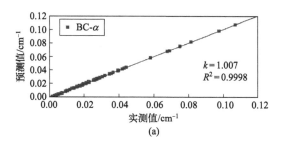

(a)

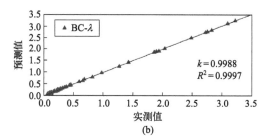

(b)

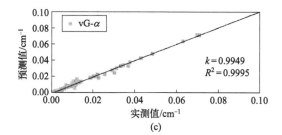

(c)

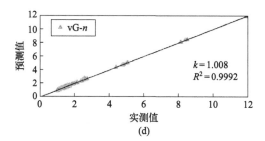

(d)

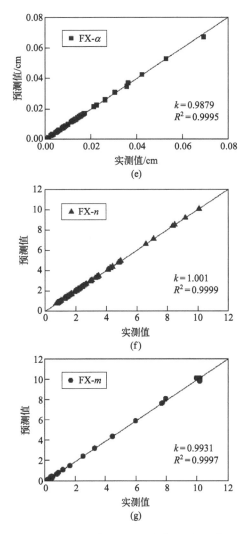

图4-24　BP神经网络模型预测土壤水分特征曲线模型
参数训练样本预测值和实测值

　　由图可知，所有建模样本点预测值与实测值均匀分布在 1：1 线上，说明BP神经网络模型能够以较高的精度表达自变量和因变量间的非线性关系。为了量化各模型参数预测值与实测值间的一致性，对样本数据进行线性拟合。由图 5-9 可知，各模型参数线性拟合的斜率（k）分别为 1.007、0.9988、0.9949、1.008、0.9879、1.001、0.9931，决定性系数（R^2）分别为 0.9998、0.9997、0.9995、0.9992、0.9995、0.9999、0.9997。线性拟合的斜率和决定性系数基本接近 1，说明建模样本的预测值和实测值具有较好的一致性。在

给定显著水平 α（$\alpha=0.05$）下，对所建立的 BP 神经网络模型通过联合 F 检验判别预测模型整体的显著性，结果表明所建立的 BP 神经网络模型是显著的。

（2）GA-BP 预测模型验证

在构建 BP 神经网络的同时，对 21 组验证样本同步进行模型验证。预测值与实测值对比结果如图 4-25 所示。

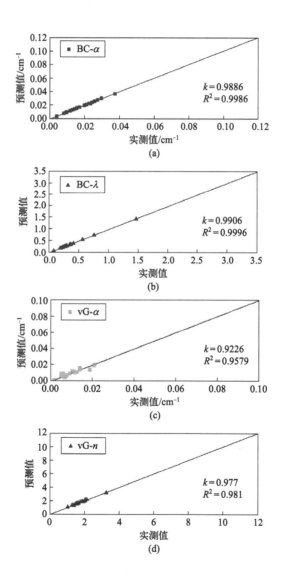

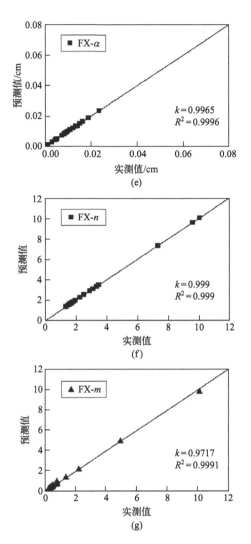

图4-25 BP神经网络模型预测土壤水分特征曲线模型
参数训练样本预测值和实测值

由图 4-25 可知，所有验证样本点预测值与实测值均匀分布在 1∶1 线上，说明 BP 神经网络模型能够以较高的精度表达自变量和因变量间的非线性关系。各模型参数线性拟合的斜率（k）分别为 0.9886、0.9906、0.9926、0.977、0.9965、0.999、0.9717，决定性系数（R^2）分别为 0.9986、0.9996、0.9579、0.981、0.9996、0.999、0.9991。线性拟合的斜率和决定性系数基本接近 1，说明验证样本的预测值和实测值具有较好的一致性。

将前人报道中采用的三种 BP 神经网络模型（BP、S-BP、GA-BP）对数据进行验证。BP 代表传统 BP 人工神经网络，S-BP 代表在 Spearman 相关性分析对自变量进行筛选基础上的 BP 神经网络模型、GA-BP 代表基于遗传算法的 BP 神经网络。所提出的模型为 S-GA-BP，代表基于 Spearman 相关性分析与遗传算法的 BP 人工神经网络模型。四种不同模型预测训练样本 AE、RE、RMSE 平均值如表 4-25 所列。

表4-25　四种不同模型预测训练样本 $\overline{AE}$、$\overline{RE}$、$\overline{RMSE}$ 值

模型			BP	S-BP	GA-BP	S-GA-BP
$\overline{AE}$	vG	α	0.0751	0.00785	0.00932	8.20×10^{-4}
		n	0.131	0.0985	0.0997	0.0356
	FX	α	0.085	0.0075	0.0081	9.00×10^{-5}
		n	0.0321	0.00298	0.00317	5.19×10^{-4}
		m	0.121	0.0975	0.0995	0.0392
$\overline{RE}$	vG	α	0.1273	0.1039	0.0951	0.0867
		n	0.0821	0.0512	0.0635	0.0231
	FX	α	0.0953	0.0801	0.0735	0.0416
		n	0.0901	0.0798	0.0821	0.0135
		m	0.0875	0.0702	0.0731	0.0527
$\overline{RMSE}$	vG	α	1.689	0.172	0.199	0.0609
		n	1.931	0.178	0.231	0.0566
	FX	α	1.731	0.192	0.183	0.0122
		n	1.018	0.182	0.173	0.0863
		m	1.998	0.191	0.201	0.0974

由表 4-25 可以看出，所采用的 S-GA-BP 模型预测精度明显优于前三种模型。传统 BP 神经网络预测对七个模型参数预测所得平均绝对误差 $\overline{AE}$、平均相对误差 $\overline{RE}$、平均均方根误差 $\overline{RMSE}$ 值为 0.0802、0.0924、1.643；S-BP 模型对七个模型参数预测所得平均绝对误差 $\overline{AE}$、平均相对误差 $\overline{RE}$、平均均方根误差 $\overline{RMSE}$ 值为 0.0345、0.072、0.183；GA-BP 模型对七个模型参数预测所得平均绝对误差 $\overline{AE}$、平均相对误差 $\overline{RE}$、平均均方根误差 $\overline{RMSE}$ 值

为 0.0335、0.076、0.187；S-GA-BP 模型对七个模型参数预测所得平均绝对
误差$\overline{AE}$、平均相对误差$\overline{RE}$、平均均方根误差$\overline{RMSE}$值为 0.0122、0.0408、
0.0591。分析认为传统 BP 神经网络将所有理化参数作为自变量进行训
练，未对输入参数进行预处理，导致输入数据冗余，非线性映射关系复
杂，加大了运算难度，加长了运算时间，预测效果较差。S-BP 模型采用
Spearman 相关性分析对自变量进行筛选，简化了自变量间的非线性映射关
系，预测效果有所提高。GA-BP 模型对运算过程中的权值和阈值进行优化
选择，优化了运算过程，进而提高了预测效果。综上所述，所用 S-GA-BP
模型通过对自变量、运算过程两个方面的优化，很大程度地提高了预测精
度，预测效果优于传统模型。

4.2.5 PSO-SVM预测模型

（1）PSO-SVM 预测模型构建

根据粒子群算法优化流程，最终确定各模型（C, g, ε）参数组合如表
4-26 所列。

表4-26 各模型参数最优（C, g, ε）组合

模型参数	C	g	ε
BC-α	99.244	0.0231	3.358×10^{-4}
BC-λ	95.581	0.0981	2.997×10^{-4}
vG-α	99.359	0.0255	3.853×10^{-4}
vG-n	96.215	0.0376	2.271×10^{-4}
FX-α	95.333	0.0228	3.238×10^{-4}
FX-n	90.108	0.00694	2.245×10^{-4}
FX-m	98.331	0.0284	7.981×10^{-4}

根据所确定的粒子群算法优化的支持向量机模型进行训练，得到训练样
本预测值，并与实测值进行比较，如图 4-26 所示。

由图 4-26 可知，所有建模样本点预测值与实测值均匀分布在 1∶1 线上，
说明基于粒子群优化算法的支持向量机土壤传递函数能够以较高的精度表达
自变量和因变量间的非线性关系。各模型参数线性拟合的斜率（k）分别为

0.9999、1.003、0.9947、0.9999、1.0006、1、1.0002，决定性系数（R^2）分别为 0.9997、0.9991、0.9999、0.9999、0.9996、0.9999、0.9999。线性拟合的斜率和决定性系数基本接近 1，说明建模样本的预测值和实测值具有较好的一致性。

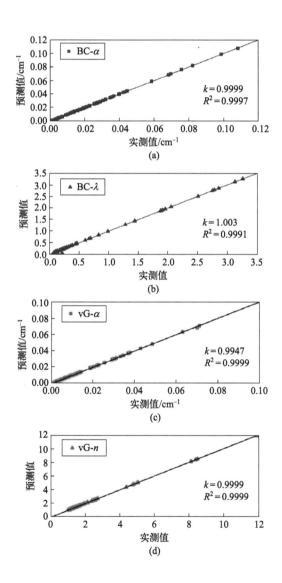

(a)

(b)

(c)

(d)

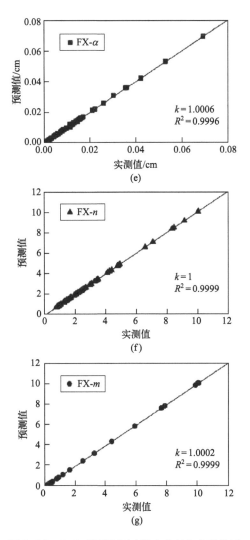

图4-26　SVM模型预测土壤水分特征参数模型
参数训练样本预测值和实测值

对所建立的基于粒子群优化算法的支持向量机模型通过联合检验 F 检验，判别预测模型整体的显著性。检验结果表明所建立的模型是显著的。

（2）PSO-SVM 预测模型验证

根据所确定的支持向量机模型进行模型泛化能力的验证。得到验证样本预测值，并与实测值进行比较，如图 4-27 所示。

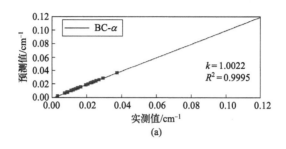

(a)

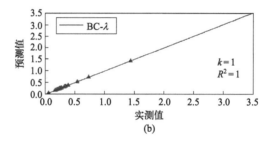

(b)

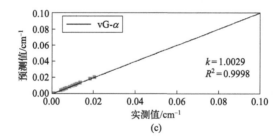

(c)

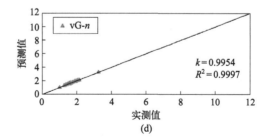

(d)

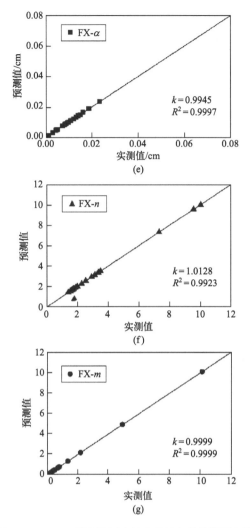

图4-27 SVM模型预测土壤水分特征曲线模型参数
训练样本预测值和实测值

由图 4-27 可知，所有验证样本点预测值与实测值均匀分布在 1:1 线上，说明基于粒子群优化算法优化的支持向量机模型能够以较高的精度表达自变量和因变量间的非线性关系。各模型参数线性拟合的斜率（k）分别为 1.0022、1、1.0029、0.9954、0.9945、1.0128、0.9999，决定性系数（R^2）分别为 0.9995、1、0.9998、0.9997、0.9997、0.9923、0.9999。线性拟合的斜率和决定性系数基本接近 1，说明建模样本的预测值和实测值具有较好的一致性。

将前人报道中采用的三种支持向量机模型（SVM、S-SVM、PSOA-SVM）对数据进行验证。SVM 代表传统支持向量机模型，S-SVM 代表在 Spearman 相关性分析对自变量进行筛选基础上的支持向量机模型、PSOA-SVM 代表基于粒子群算法的支持向量机模型。所提出的模型为 S-PSOA-SVM，代表基于 Spearman 相关性分析与粒子群算法的支持向量机模型。四种不同模型预测训练样本 AE、RE、RMSE 平均值如表 4-27 所列。

表4-27 四种不同模型预测训练样本$\overline{\text{AE}}$、$\overline{\text{RE}}$、$\overline{\text{RMSE}}$值

模型			SVM	S-SVM	PSOA-SVM	S-PSOA-SVM
$\overline{\text{AE}}$	vG	α	0.00273	0.00172	0.00195	1.60×10^{-4}
		n	0.0157	0.00982	0.00999	0.00222
	FX	α	0.00988	0.00158	0.00132	1.30×10^{-4}
		n	1.98×10^{-4}	3.50×10^{-4}	2.80×10^{-4}	5.00×10^{-5}
		m	0.00196	0.00543	0.00842	5.10×10^{-4}
$\overline{\text{RE}}$	vG	α	0.0982	0.0624	0.0692	0.0164
		n	0.1308	0.0952	0.0873	0.00111
	FX	α	0.1089	0.0764	0.0813	0.0167
		n	0.0941	0.0581	0.0618	9.00×10^{-5}
		m	0.0813	0.0687	0.0598	5.00×10^{-5}
$\overline{\text{RMSE}}$	vG	α	1.952	1.023	1.159	0.0609
		n	1.594	0.901	0.889	0.0855
	FX	α	1.384	0.567	0.772	0.0124
		n	1.664	0.881	0.431	0.0861
		m	1.887	0.999	0.594	0.0879

由表 4-27 可以看出，所采用的 S-PSOA-SVM 模型预测精度明显优于前三种模型。传统 SVM 模型对七个模型参数预测所得平均绝对误差$\overline{\text{AE}}$、平均相对误差$\overline{\text{RE}}$、平均均方根误差$\overline{\text{RMSE}}$值为 0.00495、0.1063、1.617；S-SVM 模型对七个模型参数预测所得平均绝对误差$\overline{\text{AE}}$、平均相对误差$\overline{\text{RE}}$、平均均方根误差$\overline{\text{RMSE}}$值为 0.00294、0.0776、0.877；PSOA-SVM 模型对七个模型参数预测所得平均绝对误差$\overline{\text{AE}}$、平均相对误差$\overline{\text{RE}}$、平均均方根误差$\overline{\text{RMSE}}$值为 0.00332、0.0777、0.781；S-PSOA-SVM 模型对七个模型参数预测所得平均绝对误差$\overline{\text{AE}}$、平均相对误差$\overline{\text{RE}}$、平均均方根误差$\overline{\text{RMSE}}$值为 0.000525、

0.0186、0.0619。分析认为传统 SVM 模型将所有自变量作为自变量进行训练，未对输入参数进行预处理，导致输入数据冗余，非线性映射关系复杂，使得运算难度加大，运算时间加长，预测效果较差。S-SVM 模型采用 Spearman 相关性分析对自变量进行筛选，简化了自变量间的非线性映射关系，使得预测效果有所提高。PSOA-SVM 模型对运算过程中的模型（C, g, ε）参数组合进行优化选择，进而优化了运算过程，使得预测效果有所提高。综上所述，所用 S-PSOA-SVM 模型通过对自变量、运算过程两个方面的优化，很大程度上提高了预测精度，预测效果优于传统模型。

4.2.6　预测模型优选

（1）参数预测模型误差比较

对三种模型计算所得土壤水分特征曲线模型参数预测值与实测值的相对误差、绝对误差、均方根误差进行计算。结果如表 4-28 ～表 4-30 所列。

表4-28　非线性模型计算所得土壤水分特征曲线模型参数预测值与实测值的相对误差、绝对误差、均方根误差

模型参数		AE			RE			RMSE
		最大值	最小值	均值	最大值	最小值	均值	
BC-α	训练样本	0.0133	0	0.00232	0.1217	0	0.102	0.0215
	验证样本	0.00306	0	0.00123	0.108	0	0.0859	0.00779
BC-λ	训练样本	0.0613	0	0.0315	0.128	0	0.098	0.795
	验证样本	0.0899	0	0.0211	0.121	0	0.0823	0.2845
vG-α	训练样本	0.00868	0	0.00105	0.092	0	0.0838	0.0148
	验证样本	0.00801	0	0.00251	0.121	0	0.0844	0.00547
vG-n	训练样本	0.425	0	0.214	0.0943	0	0.109	1.828
	验证样本	0.409	0	0.251	0.103	0	0.0971	0.421
FX-α	训练样本	0.00694	0	0.00146	0.0991	0	0.0985	0.0121
	验证样本	0.00601	0	0.00903	0.0961	0	0.102	0.00553
FX-n	训练样本	0.992	0	0.289	0.1528	0	0.104	3.447
	验证样本	0.513	0	0.105	0.1002	0	0.0537	2.515
FX-m	训练样本	0.412	0	0.287	0.0921	0	0.0805	3.934
	验证样本	0.784	0	0.250	0.121	0	0.0607	2.225

表4-29 BP人工网络模型计算所得土壤水分特征曲线模型参数预测值与
实测值的相对误差、绝对误差、均方根误差

模型参数		AE			RE			RMSE
		最大值	最小值	均值	最大值	最小值	均值	
BC-α	训练样本	0.00097	0	0.000214	0.0998	0	0.0166	0.0215
	验证样本	0.0009	0	0.000207	0.0579	0	0.0122	0.00808
BC-λ	训练样本	0.066	0	0.000946	0.097	0	0.0467	0.0789
	验证样本	0.0136	0	0.000471	0.0443	0	0.0151	0.0827
vG-α	训练样本	0.00524	0	0.00082	0.0933	0	0.0867	0.0609
	验证样本	0.00469	0	0.00138	0.0491	0	0.0632	0.00492
vG-n	训练样本	0.0874	0	0.0356	0.0989	0	0.0231	0.0566
	验证样本	0.0622	0	0.0476	0.0763	0	0.0274	0.0429
FX-α	训练样本	0.00237	0	0.00009	0.085	0	0.0416	0.0122
	验证样本	0.00513	0	0.000537	0.0351	0	0.0499	0.00611
FX-n	训练样本	0.026	0	0.000519	0.0145	0	0.0135	0.0863
	验证样本	0.00927	0	0.00158	0.0682	0	0.00431	0.0499
FX-m	训练样本	0.098	0	0.0392	0.086	0	0.0527	0.0741
	验证样本	0.0851	0	0.0514	0.0641	0	0.0682	0.0974

表4-30 SVM模型计算所得土壤水分特征曲线模型参数预测值与
实测值的相对误差、绝对误差、均方根误差

模型参数		AE			RE			RMSE
		最大值	最小值	均值	最大值	最小值	均值	
BC-α	训练样本	0.00313	0	0.0000973	0.0407	0	0.0702	0.0215
	验证样本	0.00017	0	0.0000226	0.0165	0	0.00177	0.00813
BC-λ	训练样本	0.043	0	0.00051	0.0884	0	0.0253	0.0791
	验证样本	0.00151	0	0.00133	0.0179	0	0.00462	0.00521
vG-α	训练样本	0.00284	0	0.00016	0.0344	0	0.0164	0.0609
	验证样本	0.00022	0	0.000049	0.0179	0	0.00462	0.00521
vG-n	训练样本	0.0432	0	0.00222	0.0164	0	0.00111	0.0855
	验证样本	0.0282	0	0.00332	0.0182	0	0.00195	0.0307
FX-α	训练样本	0.00111	0	0.00013	0.0548	0	0.0617	0.0124
	验证样本	0.00033	0	0.000077	0.0433	0	0.00975	0.0061
FX-n	训练样本	0.00067	0	0.00005	0.00036	0	0.00009	0.0861
	验证样本	0.00421	0	0.00004	0.00058	0	0.00002	0.0184
FX-m	训练样本	0.039	0	0.00051	0.00392	0	0.00005	0.0879
	验证样本	0.00004	0	0.000001	0.00001	0	0.00001	0.0282

由表 4-28 ～表 4-30 可以看出，采用非线性土壤传递函数、基于遗传算法的 BP 神经网络土壤传递函数与基于粒子群算法优化的支持向量机土壤传递函数均能较好地预测黄土土壤水分特征曲线模型参数，三种方法对于训练样本具有较好的拟合能力，对于验证样本具有较好的泛化能力。采用非线性土壤传递函数对训练样本预测黄土土壤水分特征曲线模型参数平均绝对误差$\overline{AE}$、平均相对误差$\overline{RE}$、平均均方根误差$\overline{RMSE}$值分别为 0.118、0.0965、1.436；对验证样本预测黄土土壤水分特征曲线模型参数平均绝对误差$\overline{AE}$、平均相对误差$\overline{RE}$、平均均方根误差$\overline{RMSE}$值分别为 0.0902、0.0809、0.781。采用基于遗传算法的 BP 神经网络土壤传递函数对训练样本预测黄土土壤水分特征曲线模型参数平均绝对误差$\overline{AE}$、平均相对误差$\overline{RE}$、平均均方根误差$\overline{RMSE}$值分别为 0.0111、0.0401、0.0558；对验证样本预测黄土土壤水分特征曲线模型参数平均绝对误差$\overline{AE}$、平均相对误差$\overline{RE}$、平均均方根误差$\overline{RMSE}$值分别为 0.0147、0.0343、0.0417。采用基于粒子群算法优化的支持向量机土壤传递函数对训练样本预测黄土土壤水分特征曲线模型参数平均绝对误差$\overline{AE}$、平均相对误差$\overline{RE}$、平均均方根误差$\overline{RMSE}$值分别为 0.000525、0.0249、0.0619；对验证样本预测黄土土壤水分特征曲线模型参数平均绝对误差$\overline{AE}$、平均相对误差$\overline{RE}$、平均均方根误差$\overline{RMSE}$值分别为 0.00691、0.00325、0.0146。采用基于粒子群算法优化的支持向量机土壤传递函数对各模型参数预测所得相对误差最大值、相对误差平均值、绝对误差最大值、绝对误差平均值与 RMSE 值＜采用基于遗传算法的 BP 神经网络土壤传递函数＜采用非线性土壤传递函数。因此，就误差比较而言，推荐使用基于粒子群算法优化的支持向量机土壤传递函数获取黄土土壤水分特征曲线。

（2）参数预测模型综合误差比较

将三种模型计算所得土壤水分特征曲线模型参数预测值代入各模型，计算给定土壤含水量条件下的土壤吸力值，并与该含水量条件下的实测值进行比较，将各含水量条件下的 AE、RE、RMSE 值计算平均值，作为整个土壤水分特征曲线的平均绝对误差$\overline{AE}$、平均相对误差$\overline{RE}$、平均均方根误差$\overline{RMSE}$值。训练样本和验证样本结果如表 4-31、表 4-32 所列。

表4-31　三种模型计算所得训练样本土壤水分特征曲线模型参数预测值与
实测值的相对误差、绝对误差、均方根误差

拟合模型	AE			RE			RMSE		
	模型1	模型2	模型3	模型1	模型2	模型3	模型1	模型2	模型3
BC	0.215	0.103	0.035	0.095	0.064	0.035	2.951	1.015	0.621
vG	0.133	0.093	0.025	0.083	0.050	0.026	1.032	0.131	0.283
FX	0.109	0.001	0.0001	0.067	0.031	0.0091	0.931	0.153	0.0357

注：模型1指多元非线性模型，模型2指基于网格搜索与交叉验证的BP神经网络模型，模型3指基于粒子群算法优化的SVM模型。

表4-32　三种模型计算所得验证样本土壤水分特征曲线模型参数预测值与
实测值的相对误差、绝对误差、均方根误差

拟合模型	AE			RE			RMSE		
	模型1	模型2	模型3	模型1	模型2	模型3	模型1	模型2	模型3
BC	0.203	0.098	0.027	0.093	0.057	0.025	2.715	0.942	0.357
vG	0.101	0.103	0.019	0.066	0.053	0.016	1.371	0.099	0.137
FX	0.118	0.093	0.0001	0.051	0.021	0.0035	0.584	0.057	0.0059

注：模型1指多元非线性模型，模型2指基于网格搜索与交叉验证的BP神经网络模型，模型3指基于粒子群算法优化的SVM模型。

　　由表 4-31 与表 4-32 可以看出，采用非线性模型、基于遗传算法的 BP 神经网络模型与基于粒子群优化算法的支持向量机模型均能较好的预测黄土土壤水分特征曲线。采用 FX 模型与基于粒子群算法优化的支持向量机土壤传递函数相结合对训练样本黄土土壤水分特征曲线进行预测所得平均绝对误差$\overline{AE}$、平均相对误差$\overline{RE}$、平均均方根误差$\overline{RMSE}$值分别为 0.0001、0.0091、0.0357，对训练样本具有较强的训练能力；对验证样本黄土土壤水分特征曲线进行预测所得平均绝对误差$\overline{AE}$、平均相对误差$\overline{RE}$、平均均方根误差$\overline{RMSE}$值分别为 0.001、0.0035、0.0059，对验证样本具有较强的泛化能力。

　　采用基于粒子群优化算法的支持向量机土壤传递函数对不同质地、不同结构、不同有机质含量土壤水分特征曲线进行拟合，实测值与预测值比较如图 4-28 所示（彩图见文后）。

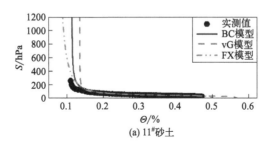

(a) 11#砂土

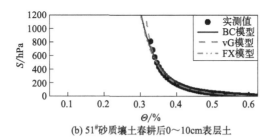

(b) 51#砂质壤土春耕后0～10cm表层土

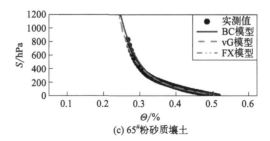

(c) 65#粉砂质壤土

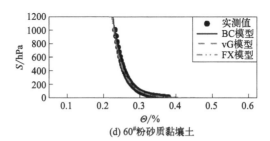

(d) 60#粉砂质黏壤土

图4-28

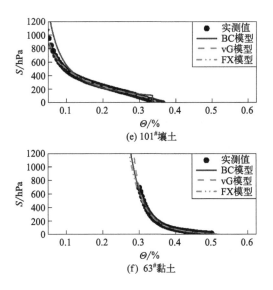

图4-28 采用基于粒子群优化的支持向量机土壤传递函数对
不同土壤拟合所得土壤水分特征曲线实测值和预测值比较

表4-33 采用基于粒子群优化的支持向量机土壤传递函数对不同土壤拟合
所得土壤水分特征曲线实测值和预测值的决定性系数和均方根误差

样本编号	BC模型		vG模型		FX模型	
	R^2	RMSE	R^2	RMSE	R^2	RMSE
11#	0.999	0.0063	0.991	0.006	0.9999	0.0033
51#	0.993	0.007	0.995	0.0063	0.9999	0.0082
65#	0.995	0.008	0.992	0.0019	0.9999	0.0025
60#	0.992	0.0047	0.995	0.0016	0.9999	0.0022
101#	0.991	0.0086	0.993	0.0022	0.9999	0.0021
63#	0.990	0.0176	0.995	0.0069	0.9999	0.0060

　　由图 4-28、表 4-33 可以看出，BC 模型对黏粒含量较大的黏性土壤拟合效果较差，对黏粒含量较少的砂性土壤拟合效果较好，这是由于 BC 模型形式砂性土壤土壤水分特曲线的走势更为符合；vG 模型对各种土壤的拟合效果均较好，但对黏粒含量较少的砂性土壤拟合效果稍差，这是由于 vG 模型形式更符合土壤水分特征曲线的"S"形走势，而且能够与 Burdine 模型和 Mualem 模型相结合推导出非饱和导水率，因此受到世界范围内诸多

学者的认可；FX 模型对各种土壤均呈现出十分好的拟合效果，决定性系数 R^2 均大于 0.999，充分说明了 FX 模型用于拟合土壤水分特征曲线时的优越性，但由于其模型形式较为复杂、模型参数较多、模型参数获取较难的原因，其使用受到了一定限制，但就对土壤水分特征曲线的拟合效果而言，FX 模型为最优拟合模型。因此，推荐使用 FX 模型与基于粒子群算法优化的支持向量机土壤传递函数相结合的方法作为获取黄土土壤水分特征曲线的最优方法。

4.3　扩散率预测模型

在土壤水动力学中，土壤水力运动参数包括比水容量 C（土壤水分特征曲线斜率的倒数）、非饱和导水率 K 和扩散率 D，且 $D(S)=\dfrac{K(S)}{C(S)}=$

$K(S)/\dfrac{\mathrm{d}\theta}{\mathrm{d}\psi_m}=K(S)/-\dfrac{\mathrm{d}\theta}{\mathrm{d}S}$（此处，$S$ 为土壤吸力值）。在获取了比水容量和非饱和导水率的基础上，本章试图利用已有模型对黄土土壤扩散率进行推导，以期用省时、节力、精度高的间接方式获取黄土土壤扩散率。

4.3.1　自变量的确定

选用预测精度较高但模型形式不复杂的 van-Genuchten 模型（土壤水分特征曲线模型）与指数函数模型（土壤非饱和导水率）模型来得到固定吸力（100hPa、200hPa、300hPa、400hPa、500hPa、600hPa、700hPa、800hPa、900hPa、1000hPa）条件下的扩散率值，进而利用 Matlab 软件 CFTOOL 工具箱拟合得到吸力与扩散率的指数函数关系 $D(s)=ae^{bs}$。

vG- 指数函数模型为：

$$D(S)=\frac{K(S)}{C(S)}=K(S)/-\frac{\mathrm{d}\theta}{\mathrm{d}S}=-a\cdot\exp(bS)\left/\frac{(\theta_s-\theta_r)\alpha mn|\alpha S|^{n-1}}{\left(1+|\alpha S|^n\right)^{\frac{1}{n}}}\right. \tag{4-1}$$

由于拟合所得指数函数 a 最小值与最大值之间相差数量级大，导致过拟合严重，因此，对该参数取 10 为底的对数，作为黄土土壤扩散率模型参数土壤传递函数的因变量。得到对数处理预测值后，进行反处理，与实测值进行比较。

在机理分析的基础上，运用 Spearman 相关性分析进行主要因素的进一步筛选。土壤扩散率指数函数模型参数 a、b 与土壤理化参数相关性系数如表 4-34 所列。

由表 4-34 可以看出，a 与容重、电导率具有显著正相关性，与粉粒含量、pH 值具有显著负相关关系；b 与粉粒含量、电导率具有显著正相关关系，与有机质含量、pH 值具有显著负相关关系。

表4-34 土壤扩散率指数函数模型参数与各理化参数 Spearman 相关性分析表

参数	δ_1	δ_2	γ	OM	EC	pH值
a	−0.114	−0.238[*]	0.387[**]	−0.117	0.254[**]	−0.217[**]
b	0.105	0.317[**]	0.075	−0.239[**]	0.288[**]	−0.298[**]

注：**表示 $P<0.01$ 时，相关性是显著的；*表示 $P<0.05$ 时，相关性是显著的。

4.3.2　GA-BP预测模型

采用试算法和经验公式法相结合，寻找模型最优隐含层节点个数。不同隐含层节点个数条件下，选取各模型参数训练 20 次后的 AE、RE、RMSE 平均值最小为最优隐含层节点。最终确定参数 a 最优神经网络结构为 4-6-1，参数 b 为 4-8-1，BP 神经网络模型的训练次数为 3000 次，训练目标为0.0001。

按照训练时间短、训练步数少、绝对误差平均值、相对误差平均值和均方根误差最小的原则，进行多次训练，最终确定黄土土壤扩散率模型参数 a 的隐含层函数、输出层函数为 *tansig-tansig*，模型参数 b 的隐含层函数、输出层函数为 *tansig-logsig*。设定种群规模 $n=20$，进化次数为 200 次，交叉概率为 0.6，变异概率为 0.01。

根据所确定的网络拓扑结构进行训练，得到训练样本与验证样本二参数幂函数模型参数的预测值，并与实测值进行比较，如图 4-29、图 4-30所示。

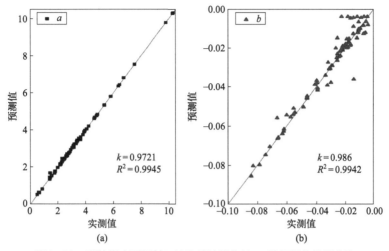

图4-29 训练样本采用基于遗传算法优化的BP神经网络模型获取
土壤扩散率指数函数模型参数实测值与预测值比较

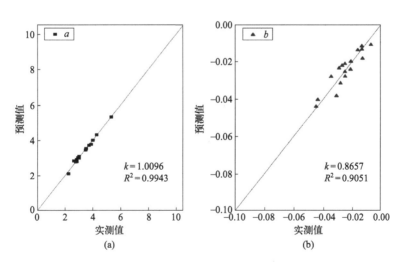

图4-30 验证样本采用基于遗传算法优化的BP神经网络模型获取土壤
扩散率指数函数模型参数实测值与预测值比较

对采用基于遗传算法优化的 BP 神经网络土壤传递函数得到的二参数指数函数模型参数预测值与实测值间的相对误差、绝对误差、均方根误差进行计算。结果如表 4-35 所列。

表 4-35 基于遗传算法优化的 BP 神经网络模型计算所得土壤扩散率模型参数预测值与实测值的相对误差、绝对误差、均方根误差

模型参数		AE			RE			RMSE
		最大值	最小值	均值	最大值	最小值	均值	
a	训练样本	0.8906	0	0.07008	0.0506	0	0.0471	2.937
	验证样本	0.209	0	0.0433	0.0686	0	0.0664	2.875
b	训练样本	0.022	0	0.00309	0.0582	0	0.0759	0.0637
	验证样本	0.0073	0	0.00335	0.0492	0	0.0620	0.00998

由表 4-35 可以看出，采用基于遗传算法的 BP 神经网络土壤传递函数能较好地预测黄土土壤扩散率指数函数模型参数，对训练样本具有较好的拟合能力，对验证样本具有较好的泛化能力。采用基于遗传算法的 BP 神经网络土壤传递函数对训练样本预测黄土土壤扩散率模型参数平均绝对误差$\overline{AE}$、平均相对误差$\overline{RE}$、平均均方根误差$\overline{RMSE}$值分别为 0.0366、0.0615、1.500；对验证样本预测黄土土壤扩散率模型参数平均绝对误差$\overline{AE}$、平均相对误差$\overline{RE}$、平均均方根误差$\overline{RMSE}$值分别为 0.0233、0.0642、1.442。

4.3.3 PSO-SVM预测模型

根据粒子群算法优化流程，最终确定各模型（C，g，ε）参数组合，并根据所确定的粒子群算法优化的支持向量机模型进行训练，得到训练样本与验证样本的预测值，并与实测值进行比较，如图 4-31、图 4-32 所示。

对采用基于粒子群优化算法的支持向量机土壤传递函数得到的二参数指数函数模型参数预测值与实测值间的相对误差、绝对误差、均方根误差进行计算。结果如表 4-36 所列。

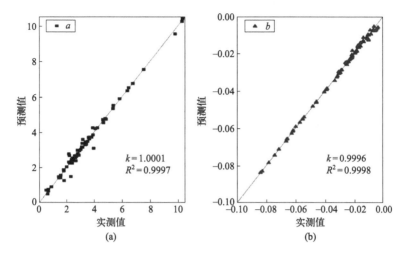

图4-31 训练样本采用基于粒子群优化算法的支持向量机土壤传递函数
获取土壤扩散率指数函数模型参数实测值与预测值比较

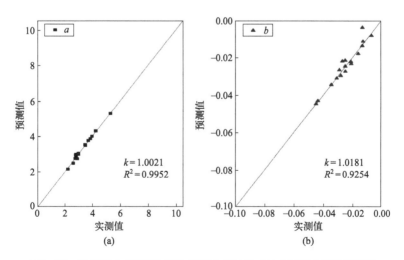

图4-32 验证样本采用基于粒子群优化算法的支持向量机土壤传递函数
获取土壤扩散率指数函数模型参数实测值与预测值比较

表4-36 基于粒子群优化算法的支持向量机模型计算所得土壤扩散率模型参数预测值与实测值的相对误差、绝对误差、均方根误差

模型参数		AE			RE			RMSE
		最大值	最小值	均值	最大值	最小值	均值	
a	训练样本	0.259	0	0.0334	0.0752	0	0.0153	2.968
	验证样本	0.181	0	0.0614	0.0614	0	0.0415	1.012
b	训练样本	0.0029	0	0.000636	0.0751	0	0.0554	0.0640
	验证样本	0.0093	0	0.00202	0.0692	0	0.0731	0.0106

由表4-36可以看出,采用基于粒子群算法优化的支持向量机土壤传递函数能较好地预测黄土土壤非饱和导水率模型参数,对于训练样本具有较好的拟合能力,对于验证样本具有较好的泛化能力。采用基于粒子群算法优化的支持向量机土壤传递函数对训练样本预测黄土土壤扩散率模型参数平均绝对误差$\overline{AE}$、平均相对误差$\overline{RE}$、平均均方根误差$\overline{RMSE}$值分别为0.0170、0.0354、1.516;对验证样本预测黄土土壤非饱和导水率模型参数平均绝对误差$\overline{AE}$、平均相对误差$\overline{RE}$、平均均方根误差$\overline{RMSE}$值分别为0.0317、0.0573、0.0511。

4.3.4 预测模型优选

采用基于粒子群算法优化的支持向量机土壤传递函数对各模型参数预测所得相对误差最大值、相对误差平均值、绝对误差最大值、绝对误差平均值与RMSE值均小于采用基于遗传算法的BP神经网络土壤传递函数。因此,就误差比较而言,推荐使用基于粒子群算法优化的支持向量机土壤传递函数获取黄土土壤非饱和导水率值。

将三种模型计算所得土壤水分特征曲线模型参数预测值代入各模型,计算给定吸力条件下的土壤扩散率值,并与该吸力条件下的实测值进行比较,将各吸力条件下的AE、RE、RMSE值计算平均值,作为整个土壤扩散率的平均绝对误差$\overline{AE}$、平均相对误差$\overline{RE}$、平均均方根误差$\overline{RMSE}$值。计算所得采用基于遗传算法优化的BP神经网络土壤传递函数法平均绝对误差$\overline{AE}$、平均相对误差$\overline{RE}$、平均均方根误差$\overline{RMSE}$值为0.0751、0.0614、3.094;采用基于粒子群优化算法的支持向量机土壤传递函数法平均绝对误差$\overline{AE}$、平均相对误差$\overline{RE}$、平均均方根误差$\overline{RMSE}$值为0.0415、0.0409、2.016。

　　由图 4-33、表 4-37 可以看出，采用二参数指数函数模型对不同原状黄土土壤扩散率的拟合效果较好，决定性系数 R^2 均大于 0.997，充分说明了采用二参数指数函数模型对原状黄土土壤扩散率进行拟合是可行的。相较于基于遗传算法优化的 BP 神经网络土壤传递函数，基于粒子群优化算法的支持向量机模型预测精度好、预测效果好，训练能力和泛化能力强，故推荐使用基于粒子群优化算法的支持向量机土壤传递函数作为原状黄土土壤扩散率的最优预报模型。

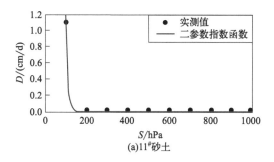

(a)11#砂土

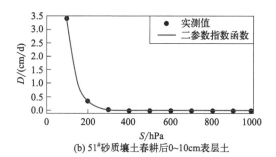

(b) 51#砂质壤土春耕后0~10cm表层土

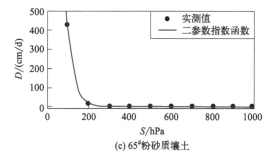

(c) 65#粉砂质壤土

图4-33

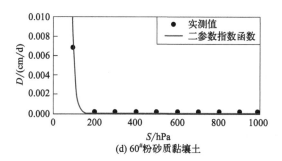

(d) 60#粉砂质黏壤土

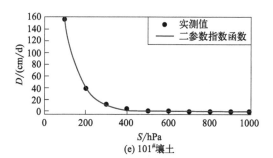

(e) 101#壤土

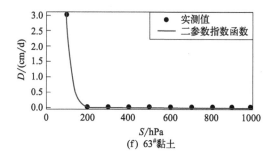

(f) 63#黏土

图4-33 采用基于粒子群优化算法的支持向量机土壤传递函数
获取土壤扩散率的实测值与预测值比较

表4-37　采用基于粒子群优化的支持向量机土壤传递函数对不同土壤拟合所得土壤扩散率实测值和预测值的决定性系数和均方根误差

样本编号	指数函数模型	
	R^2	RMSE
11[#]	0.9991	0.0016
51[#]	0.9989	0.0074
65[#]	0.9987	0.0425
60[#]	0.9986	0.0041
101[#]	0.9978	0.0033
63[#]	0.9977	0.0078

第5章

温度对土壤水力
运动参数的影响

近年来，随着全球水资源紧缺加剧、农业耗水高等问题的持续存在，土壤水分的保持和运动不仅受到土壤植被状况、土壤理化性质、土壤环境状况的影响，亦受到一些环境影响，其中，温度作为重要的环境气候因子之一，对土壤水分的保持和运动的影响机理受到了许多研究学者的重视。本章试图在实验室中构建5℃、15℃、30℃和45℃四种恒温条件，测定了四种不同质地原状黄土土壤的非饱和导水率和土壤水分特征曲线，探讨了温度对黄土土壤水力运动参数影响。

5.1　温度对土壤非饱和导水率的影响

5.1.1　影响分析及其数量关系的确定

土壤非饱和导水率是土壤吸力的函数，因此了解不同质地土壤的非饱和导水率温度效应具有十分重要的理论意义和现实意义。图 5-1 为不同质地土壤不同温度条件下非饱和导水率随吸力值的变化曲线。不同质地土壤不同温度条件下饱和导水率值如表 5-1 所列。

表5-1　不同温度土壤饱和导水率值

土壤质地	$T=5℃$	$T=15℃$	$T=30℃$	$T=45℃$
壤质黏土饱和导水率	5.71	6.56	22.2	71.5
砂质黏土饱和导水率	1.65	8.94	21.6	73.4
粉砂质黏壤土饱和导水率	3.6	5.89	20.9	67.1
粉砂质壤土饱和导水率	6.08	7.31	25.3	82.3

试验结果表明：

① 温度对土壤非饱和导水率有显著影响。随着温度的升高，非饱和导水率曲线呈现出向右移动的趋势。同一吸力条件下，温度越高，土壤非饱和导水率越大。

② 不同质地土壤非饱和导水率的温度效应差距较大。其中，砂质黏土与粉砂质黏壤土的温度效应较大。分析认为，对于黏粒含量较高的土壤，温度除了影响土壤水分的自身性质，对黏粒也产生了一定影响，进而影响了土壤的孔隙分布，导致了非饱和导水率发生变化。

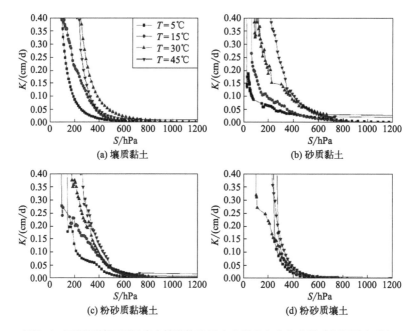

图5-1 不同质地不同温度土壤非饱和导水率随吸力变化曲线（彩图见文后）

③ 温度对土壤饱和导水率有显著影响。随着温度的升高，土壤饱和导水率呈现出增加的趋势。其中，砂质黏土与粉砂质黏壤土饱和导水率分别增大了43.12倍、17.64倍。黏粒含量越高，温度效应越明显，这是因为随着温度的升高，黏粒膨胀变大，使得原来由黏粒含量所构成的小孔隙膨胀变大，土壤大孔隙增多，因而土壤饱和导水率增大。

温度主要通过以下两个方面来影响土壤非饱和导水率：一是温度的升高改变了土壤水分的性质，温度越高，土壤水运动黏滞系数越小，土壤水运动时阻力减小，进而使得非饱和导水率增大；二是温度的升高使得土壤内黏粒膨胀，土壤内结构发生变化，大孔隙相对增加，中小孔隙相对减少，水分在土壤中运动时的路径减短，进而使得非饱和导水率增大。

以粉砂质黏壤土为例进行温度与土壤水分特征曲线模型参数数量关系分析，如图5-2所示，数量关系表达式如表5-2所列。

由图5-2、表5-2可以看出温度与不同的模型参数具有不同的数量关系。温度与二参数幂函数 a 呈指数函数关系；与二参数幂函数 m、二参数指数函数 b 呈对数函数关系；与三参数幂函数 a、三参数幂函数 m、三参数幂函数 b 呈幂函数关系；与二参数指数函数 a 呈线性关系。

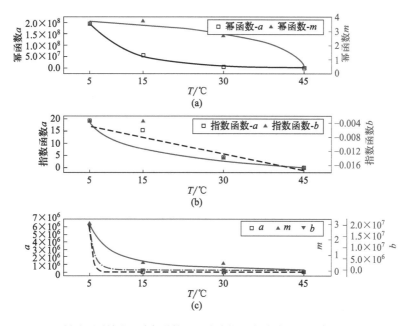

图5-2　粉砂质黏壤土温度与非饱和导水率模型参数数量关系（彩图见文后）

表5-2　粉砂质黏壤土土壤温度与非饱和导水率模型参数数量关系表达式

参数	T	R^2
二参数幂函数经验系数a	$a=c_1 c_2^T$	0.998
二参数幂函数经验系数m	$m=\ln(c_1+c_2 T)$	0.983
三参数幂函数经验系数a	$a=c_1 T^{c_2}$	0.985
三参数幂函数经验系数m	$m=c_1 T^{c_2}$	0.921
三参数幂函数经验系数b	$b=c_1 T^{c_2}$	0.918
指数函数经验系数a	$a=c_1+c_2 T$	0.931
指数函数经验指数b	$b=c_1\ln(T-c_2)$	0.943

5.1.2　预测模型优选

导出 HYPROP 仪测得的非饱和导水率数据，应用 Matlab 软件 CFTOOL 工具箱进行三种模型参数的拟合。并通过模型计算出实测土壤吸力所对应的土壤非饱和导水率，与实测值进行比较。采用二参数幂函数模型拟合黄土土壤非饱和导水率 RMSE 最大值为 0.0696，最小值为 0.003056，平均值为 0.006856，R^2 最大值为 0.9973，最小值为 0.8692，平均值为 0.9042；采用三参数幂函数模型拟合黄土土壤非饱和导水率 RMSE 最大值为 0.05954，最小值为 0.002478，平均值为 0.00778，R^2 最大值为 0.9968，最小值为 0.9078，平均值为 0.9268；采用二参数指数函数模型拟合黄土土壤非饱和导水率 RMSE 最大值为 0.02431，最小值为 0.002558，平均值为 0.004787，R^2 最大值为 0.9963，最小值为 0.9087，平均值为 0.9522。为了得到黄土土壤非饱和导水率的最优拟合模型，将各土样理化参数与 RMSE 做 Spearman 相关性分析，结果如表 5-3 所列。

表5-3 经验模型拟合 RMSE 值与土壤理化参数 Spearman 相关性分析表

土壤理化参数	二参数幂函数-RMSE	三参数幂函数-RMSE	二参数指数函数-RMSE
T	0.887**	0.873**	0.884**
δ_1	0.289*	0.297*	0.148
δ_2	−0.015	0.070	−0.065
δ_3	−0.003	−0.113	0.058
γ	0.030	−0.048	0.021
OM	−0.015	−0.061	0.039
EC	0.060	0.006	0.105
pH值	−0.134	−0.115	−0.238

注：**表示 $P<0.01$ 时，相关性是显著的；*表示 $P<0.05$ 时，相关性是显著的。

由表 5-3 可知：

① 温度对三种模型拟合误差有十分显著的影响。随着温度的升高，三种拟合模型 RMSE 呈现出增大的趋势。这是因为随着温度的升高，土壤水的表面张力、黏滞系数减小，土壤中水气密度和水气压增大，温度对土壤非饱和导水率的影响较大，从而导致三种拟合模型误差增大。

② 黏粒含量对二参数幂函数、三参数幂函数拟合误差有显著影响。随着黏粒含量的增大，两种拟合模型 RMSE 呈现出增大的趋势。这是因为随着温度的升高，土壤中的黏粒膨胀增大，黏粒间的孔隙变大，水分在土壤中运动路径减少，运动时所受阻力减小，从而导致两种模型拟合误差增大。

③ 饱和导水率与三参数幂函数 -RMSE 呈显著正相关关系，随着饱和导

水率的增大，三参数幂函数 -RMSE 增大，充分说明三参数幂函数对饱和导水率较大的土壤拟合效果较差。

因此，在不同温度条件下，推荐使用二参数指数函数作为黄土土壤非饱和导水率的拟合模型。

5.2 温度对土壤水分特征曲线的影响

5.2.1 影响分析及其数量关系的确定

土壤温度是指地面以下土壤中的温度。土壤温度发生变化会导致温度势发生变化，而且会影响土壤内水分的黏滞性、表面张力、渗透压等物理化学性质，进而导致溶质势、基质势发生变化，最终对土壤水力运动参数产生影响。图 5-3 反映了壤质黏土、砂质黏土、粉砂质黏壤土和粉砂质壤土分别在四种不同温度条件下的土壤水分特征曲线。四种土壤理化参数如表 5-4 所列。拟合所得模型参数值如表 5-5 所列。

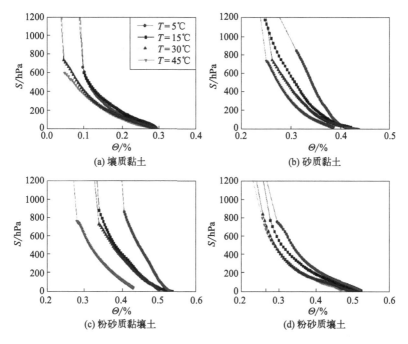

图5-3 不同质地不同温度土壤水分特征曲线（彩图见文后）

表5-4 四种质地土壤理化参数

土壤理化参数	壤质黏土	砂质黏土	粉砂质黏壤土	粉砂质壤土	CV
δ_1/%	15.746	27.84	22.975	8.913	0.439
δ_2/%	67.248	12.16	44.385	63.851	0.539
δ_3/%	17.006	60	32.64	27.236	0.537
γ/(g/kg)	1.506	1.402	1.411	1.251	0.076
OM/%	1.60±0.23				0.001
EC/(S/m)	0.2±0.02				0.001
pH值	8±0.3				0.001

注：CV为变异系数。

表5-5 不同温度条件下土壤水分特征曲线模型参数

土壤质地	土壤温度 T/°C	BC-α /cm^{-1}	BC-λ	vG-α /cm^{-1}	vG-n	FX-α /cm	FX-n	FX-m
壤质黏土	5	0.0196	0.42	0.00995	1.611	0.00416	0.953	8.728
	15	0.0155	0.421	0.00932	1.761	0.00367	0.99	2.177
	30	0.0136	0.445	0.00852	1.756	0.00289	1.328	1.961
	45	0.0131	0.531	0.00648	1.825	0.00239	1.508	1.426
CV		0.191	0.115	0.176	0.052	0.241	0.225	0.966
砂质黏土	5	0.0674	0.1	0.0264	1.088	0.00275	1.046	9.968
	15	0.0148	0.157	0.00682	1.253	0.00157	1.091	5.555
	30	0.0133	0.171	0.00641	1.265	0.00079	1.623	0.523
	45	0.00854	0.201	0.00614	1.277	0.00007	8.798	0.509
CV		1.066	0.127	0.872	0.073	0.886	1.204	1.100
粉砂质黏壤土	5	0.0233	0.127	0.0102	1.19	0.00513	2.122	0.234
	15	0.0106	0.124	0.00453	1.251	0.00497	2.697	0.167
	30	0.00954	0.174	0.00442	1.424	0.00394	2.717	0.1
	45	0.00728	0.189	0.00322	1.587	0.00083	3.969	0.1
CV		0.569	0.215	0.559	0.131	0.537	0.271	0.427
粉砂质壤土	5	0.0223	0.196	0.0121	1.3	0.00971	1.823	0.354
	15	0.0167	0.208	0.00892	1.603	0.00959	1.916	0.278
	30	0.0143	0.236	0.00832	1.641	0.00827	2.795	0.194
	45	0.015	0.265	0.00704	1.688	0.00746	3.302	0.169
CV		0.212	0.136	0.237	0.113	0.124	0.290	0.339

试验结果表明：

① 温度对土壤水分特征曲线有显著影响。随着土壤温度的升高，土壤水分特征曲线呈现出向左平移的趋势，在同一吸力条件下，随着温度的升高，土壤含水率减小，土水势增大；在同一含水率条件下，随着温度的升高，土壤水吸力减小，土壤水势增大，土壤持水能力减弱。在同一吸力条件下，温度较低时土壤持水能力较大，保持的水分较多，温度越高，土壤持水能力越弱，保持的水分也较少。

② 相较于前人对于温度对土壤水分特征曲线全阶段的影响分析，低吸力阶段土壤水分特征曲线呈现出更大的变异性，且不同质地间存在显著差异。其中，砂质黏土、粉砂质黏壤土的温度效应较大（CV 较大），壤质黏土和粉砂质壤土的温度效应较小（CV 较小）。随着温度的升高，BC-α、vG-α 和 FX-α 均呈现出减小的趋势，但不同质地土壤的温度效应均不同，砂质黏土 $CV_{BC-\alpha}$> 粉砂质黏壤土 $CV_{BC-\alpha}$> 粉砂质壤土 $CV_{BC-\alpha}$> 壤质黏土 $CV_{BC-\alpha}$；砂质黏土 $CV_{vG-\alpha}$> 粉砂质黏壤土 $CV_{vG-\alpha}$> 粉砂质壤土 $CV_{vG-\alpha}$> 壤质黏土 $CV_{VG-\alpha}$；砂质黏土 $CV_{FX-\alpha}$> 粉砂质黏壤土 $CV_{FX-\alpha}$> 壤质黏土 $CV_{FX-\alpha}$> 粉砂质壤土 $CV_{FX-\alpha}$。分析认为，黏粒含量越高，温度对其土壤水分性质的影响越大，这与来剑斌等[178] 的研究结果相一致。随着温度的升高，描述土壤水分特征曲线形状的参数（BC-λ、vG-n、FX-n）均呈现增大的趋势，但 BC-λ、vG-n 模型参数拟合值的变异性 <BC-α、vG-α，充分说明温度变化对土壤水分性质的影响大于对土壤结构的影响，这与王云强等[179] 的研究结果相一致。

利用上述四种温度条件下四种土壤质地进行土壤温度与土壤水分特征曲线模型参数数量关系分析，如图 5-4 所示，数量关系表达式如表 5-6 所列。

表5-6　粉砂质壤土土壤温度与土壤水分特征曲线模型参数数量关系表达式

参数	T	R^2最小值
BC-α	$\alpha=c_1+c_2T$	0.981
BC-λ	$\lambda=c_1+c_2T$	0.999
vG-α	$\alpha=c_1+c_2T$	0.993
vG-n	$n=c_1+c_2T$	0.991
FX-α	$\alpha=c_1+c_2T$	0.998
FX-n	$n=c_1+c_2T$	0.999
FX-m	$m=c_1+c_2T$	0.993

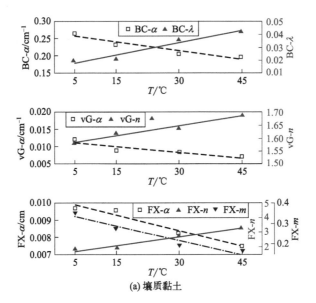

(a) 壤质黏土

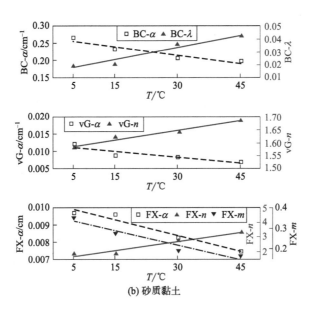

(b) 砂质黏土

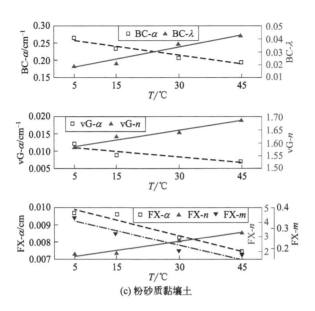

(c) 粉砂质黏壤土

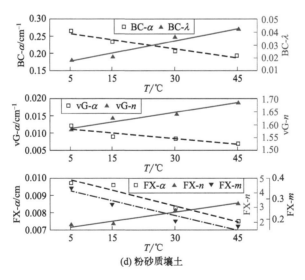

(d) 粉砂质壤土

图5-4　温度与土壤水分特征曲线模型参数数量关系（彩图见文后）

由图 5-4、表 5-6 可以看出温度与 BC-α、BC-λ、vG-α、vG-n、FX-α、FX-n、FX-m 均呈线性关系。

5.2.2 预测模型优选

应用 Hyprop Fit 软件中的不同模型对实测所得土壤水分特征曲线进行拟合，确定各土样不同温度条件下的土壤水分特征曲线模型参数，并通过模型计算出实测土壤吸力所对应的含水率，与实测值进行比较。采用 BC 模型拟合不同温度条件下黄土土壤水分特征曲线 RMSE 最大值为 0.0127，最小值为 0.0014，平均值为 0.008259，R^2 最大值为 0.999，最小值为 0.974，平均值为 0.991；采用 vG 模型拟合不同温度条件下黄土土壤水分特征曲线 RMSE 最大值为 0.0068，最小值为 0.0011，平均值为 0.003131，R^2 最大值为 0.999，最小值为 0.983，平均值为 0.994；采用 FX 模型拟合不同温度条件下黄土土壤水分特征曲线 RMSE 最大值为 0.0075，最小值为 0.0007，平均值为 0.0028，R^2 最大值为 0.999，最小值为 0.989，平均值为 0.996。为了得到不同温度条件下黄土土壤水分特征曲线的最优拟合模型，将各土样理化参数与 RMSE 做 Spearman 相关性分析，结果如表 5-7 所列。

表5-7　经验模型拟合RMSE值与土壤理化参数Spearman相关性分析表

土壤理化参数	BC-RMSE	vG-RMSE	FX-RMSE
T	−0.042	−0.089	0.017
δ_1	0.364*	0.300*	0.410*
δ_2	−0.160	−0.192	0.047
δ_3	−0.412*	0.427*	0.233
γ	0.073	−0.200	−0.067
OM	−0.137	0.235	0.180
EC	0.171	0.012	−0.230
pH值	0.204	0.046	0.206

注：*表示$P<0.05$时，相关性是显著的。

由表 5-7 可知：

① 温度变化对模型的拟合精度没有显著影响。T 与三种模型 RMSE 均不相关。

② BC 模型对粗质地土壤的拟合效果较好。黏粒含量与 BC-RMSE 呈现出显著的正相关关系，随着黏粒含量的增多，BC-RMSE 增大；砂粒含量与 BC-RMSE 呈现出显著的负相关关系，随着砂粒含量的增多，BC-RMSE 减小。充分说明 BC 模型对粗质地土壤的拟合效果较好。vG 模型对细质地土壤的拟合效果较好。砂粒含量与 vG-RMSE 呈显著正相关关系，随着砂粒含量的增多，vG-RMSE 增大。FX 模型与除黏粒含量外的其他各理化参数间均不相关。说明不同温度、不同质地、不同结构、不同有机质含量均未对 FX 模型的拟合效果产生影响。FX 模型对各种土样均呈现出较好的拟合效果。

③ 温度变化对黏粒产生影响，进而对三种模型拟合误差产生影响。随着温度的升高，土壤黏粒膨胀增大，土壤黏粒间的空隙变大，对土壤内孔隙分布产生较大影响，使得土壤水分特征曲线发生变化，进而对三种模型拟合误差产生影响。

因此，在不同温度条件下，推荐使用 FX 模型作为不同温度条件下黄土土壤水分特征曲线的最优拟合模型。

第6章

畦灌水分管理
一体化模型

2021年，我国农业用水为3644.3亿立方米，占用水总量的61.5%；随着我国大中型灌区的现代化改造，耕地灌溉亩用水量由492m³下降到355m³，农田灌溉水利用效率从不足0.5提高到0.568，耕作黄土的灌溉水利用效率低于全国平均值。随着城市化建设需求扩大，耕地面积减少的趋势依旧存在，如何在耕地有限的情况下保障粮食产量、高效节水，是我国面临的严峻问题。党的二十大报告强调，要"牢牢守住18亿亩耕地红线，确保中国人的饭碗牢牢端在自己手中"，我国"十四五"规划指出"实施深度节水控水行动"，中共中央国务院《黄河流域生态保护和高质量发展规划纲要》指出"严格控制农业用水总量"。在此背景下，提高耕作土壤灌溉水分利用效率，不仅是农业节水面对的实际难题，也是我国保证粮食产量的关键问题。

畦灌作为小麦、谷子等密植作物普遍采用的灌水方法，灌水技术便于广大农民掌握应用，适用范围广，在水源充足的情况下，可有效保障作物生长需求，是目前世界范围内主要的地面灌水方式之一。然而，相对于喷灌、滴灌和地下灌溉等灌水方式，限于灌水过程和方法的差异，畦灌田间水利用系数较低。特别是在我国，由于畦田规格不合理、土地平整性差、灌水技术参数盲目选取，造成畦田受水不均、跑水、深层渗漏、土壤次生盐碱化等不良灌水现象普遍存在。

目前现有的地面灌溉模拟软件主要是WinSRFR和SIRMOD，这些软件均实现了以畦田规格、土壤入渗参数、田面糙率、灌水流量及灌水时间为输入参数，对田面水流运动和土壤入渗情况进行模拟，并在此基础上对灌水效果评价指标进行计算。众多学者以实际灌水试验为基础，验证了这些软件模拟灌水质量的可靠性，并以此为基础对灌水过程进行模拟。WinSRFR以土壤水分入渗参数作为输入变量，而入渗参数的直接获取是有困难的；SIRMOD仅需输入入畦流量和水流推进过程的观测资料，逆向求解入渗参数，但其没有考虑土壤本身的差异性，不同类型土壤的理化性质均不同。而且，上述两个软件均未实现灌水技术参数的优化，使得模拟效果达不到灌水要求。因此，建立以土壤常规理化参数替代土壤水分入渗参数为输入变量的畦灌水分管理一体化模型十分必要。

畦灌水分一体化管理模型指将入渗参数预测、灌水过程模拟和灌水技术参数优化三者相结合，通过模型之间的耦合关系，借助计算机语言编程，达到输入基本土壤理化参数便可得到变条件下优化的灌水技术参数的目的。一体化优化模型实现了从入渗能力预测开始到优化灌水技术参数结束的全过程，提供了一种投资少、适用性强、使用方便、易于农民接受和推广的田间畦灌灌水方法，对于提高农业用水效率、推进节水型社会的实现有重要的意义。

6.1 材料与方法

研究区位于黄土高原区，以山西省为中心，东西跨越 600km，南北跨越 400km。属温带和暖温带季风气候区域。夏季降水较为集中，冬季干燥寒冷，春秋季短促，温差时空变异显著，年平均气温从北到南为 6.6 ~ 13.6℃。多年平均降雨量为 400 ~ 600mm，年降雨量的地理、季节差异较为明显。研究区耕作面积约为 430 万公顷，平均灌水次数为 1.5 次，一半以上水浇地平均灌水次数不足 1 次。

通过土壤常规理化参数测定试验与田间双套环入渗试验建立土壤水力参数预测模型，然后利用畦灌灌水过程实测资料对所建立的畦灌田面水流运动模型进行验证，从而实现了基于土壤常规理化参数的畦灌灌水技术参数优化过程。

（1）田间双套环入渗试验

对于室外土壤一维垂直入渗参数的定点测定，本节选用大田双套环垂直入渗仪，入渗仪内环直径为 260mm，外环直径为 644mm，内、外环高度为 250mm。试验时内、外环插入地表以下 200mm 处，采用自制水位平衡装置确保内、外环水位的齐平，确保内、外环积水深度保持 2 ~ 3cm。试验开始的 2min 内，每隔 30s 记录一次入渗水量，2 ~ 6min 每隔 1min 记录一次，6 ~ 20min 每隔 2min 记录一次，20 ~ 70min 每隔 5min 记录一次，70 ~ 90min 每隔 10min 记录一次。直至土壤水分达稳定入渗条件，终止入渗试验。一般地，土壤入渗试验在 60min 时达到稳定状态，考虑到数据的统一性，增加数据的可靠性，将试验入渗时间取定为 90min。从 1990 ~ 2011 年，共获得 3024 组试验数据。

（2）室内土壤理化参数测定试验

在田间双套环入渗试验点附近取适量土壤，用于测定土壤理化参数。室内土壤理化参数测定试验包括：土壤质地采用筛分曲线法获得；土壤容重采用环刀法获得；土壤体积含水率采用烘干称重法获得；土壤有机质采用重铬酸钾法获得。

（3）田面水流运动验证试验

要实现对田面水流运动运动波模型的验证，需先对试验点畦田初始物理状态进行描述，包括畦田规格、田面坡降、糙率和土壤水分入渗参数等的测定。在此基础上，沿畦长方向每隔10m设一个测点，对灌水过程中水流推进、消退过程进行记录，试验开始后，记下入畦流量和开始灌水时间，以及灌溉水流到达各测点的时间，绘制水流推进过程线；根据实际灌水情况控制断水时间，记录畦首停止供水时间，此时间亦为灌水消退过程的起始时间，以及各测点田面积水消失的时间为该测点的退水时间，直至整个畦田范围内的水流全部消退，观测过程结束，绘制退水过程曲线。

6.2 畦灌水分管理一体化模型构建

畦灌水分管理一体化模型包括土壤水分入渗参数预测、地面畦灌灌水过程模拟和灌水技术参数优化三个部分。首先，在入渗参数预测模型比选的基础上，选用非线性土壤传输函数得到土壤水分入渗参数，进而选用运动波模型将入渗参数作为输入因子进行灌水过程模拟，最后在灌水指标选取的基础上进行灌水技术参数的优化。一体化模型构建流程如图 6-1 所示。

6.2.1 土壤水力参数预测模型

目前，应用较广泛的土壤水分入渗模型包括 Kostiakov 入渗模型、Horton 模型、Green-Ampt 入渗模型、Philip 入渗模型。已有研究表明三参数的 Kostiakov 模型拟合精度高，适用性良好，结果更符合实际。因此，本章选择 Kostiakov 三参数作为地面灌溉的入渗模型，其表达式如下：

$$I = kt^{\alpha} + f_0 t \qquad (6\text{-}1)$$

式中　I——累积入渗量，cm；

　　　k——土壤水分入渗系数，cm/min；

　　　t——入渗时间，min；

　　　α——入渗指数（无量纲）；

　　　f_0——相对稳定入渗率，cm/min。

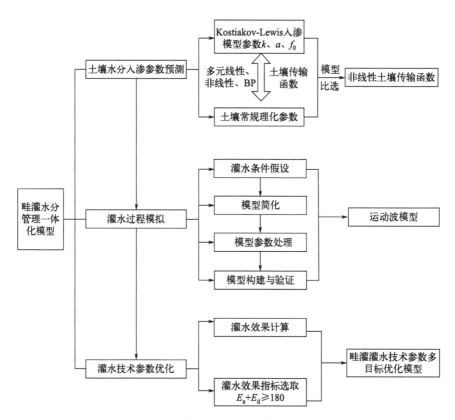

图6-1　畦灌灌水技术一体化优化模型流程图

这三个模型参数需通过田间实测土壤水分入渗量与时间关系拟合得出。k 表示土壤在初始时刻的入渗水量，α 表示土壤入渗能力随时间的衰减速度，f_0 表示土壤达到稳定入渗时的入渗速率。

土壤水分入渗参数预测主要有线性模型、非线性模型、BP 神经网络模型等，线性回归分析法得到的土壤传输函数计算过程简单，便于应用，但由于各影响因素与模型参数间的非线性关系，线性回归分析法逐渐被精度更高的非线性回归分析法取代。已有研究表明，非线性回归分析法中，人工神经网络分析由于不需预处理的黑匣子操作，可以得到精度较高的预测结果，但其稳定性与可重复性较差，无法提供一个可以使用的具体公式，且容易陷入过度拟合。而传统的非线性回归分析兼具线性回归方程简单易用、稳定性强与神经网络模型精度较高的优点。故本章选取非线性模型作为土壤水分参数的预测模型（δ_4为 20 ～ 40cm 砂粒含量，%；δ_6为 20 ～ 40cm 黏粒含量，%），根据样本所构建的模型表达式为：

$$k = 7.0375 - 0.0603\mathrm{e}^{0.071\theta_1} - 2.1286\gamma_1 - 0.3728\ln\delta_1 \\ - 0.0494\ln\delta_3 - 2.002\mathrm{e}^{-1.322G} \tag{6-2}$$

$$\alpha = 0.272 - 0.0541\ln\theta_1 + 0.0026\theta_1 + 0.0765\ln\theta_2 - 0.0056\theta_2 \\ - 0.0642\gamma_1^{\#} + 0.0425\gamma_3 - 0.0005\delta_5 + 0.0136\ln G \tag{6-3}$$

$$f_0 = 0.1059 + 0.624\mathrm{e}^{-0.052\theta_2} - 0.0644\gamma_1^{\#} - 0.0098\gamma_2 + 0.0411\gamma_3 \\ - 0.0002\delta_2 + 0.0001\delta_5 + 0.0103\ln G \tag{6-4}$$

式中 θ_1——0 ～ 20cm 土壤含水率，%；

θ_2——20 ～ 40cm 土壤含水率，%；

γ_1——0 ～ 10cm 土壤容重，g/cm³；

$\gamma_1^{\#}$——0 ～ 10cm 土壤变形容重，g/cm³，由于黄土湿陷性，灌溉后容重发生较大变化，故对容重进行修正；

γ_2——10 ～ 20cm 土壤容重，g/cm³；

γ_3——20 ～ 40cm 土壤容重，g/cm³；

δ_1——0 ～ 20cm 砂粒含量，%；

δ_2——0 ～ 20cm 粉粒含量，%；

δ_3——0 ～ 20cm 黏粒含量，%；

δ_5——20 ～ 40cm 砂粒含量，%；

G——0 ～ 20cm 范围内土壤有机质含量，g/kg。

6.2.2　地面畦灌灌水过程模拟

6.2.2.1　灌水过程分析

根据实际畦灌灌水经验，在畦尾封堵情形下，将畦灌田面水流运动分为推进阶段、封堵阶段、垂直消退阶段和水平消退阶段，各阶段示意如图 6-2 所示。

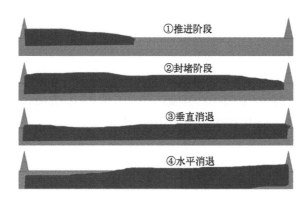

①推进阶段

②封堵阶段

③垂直消退

④水平消退

图6-2　畦田地面灌水过程示意图

在推进阶段，田面水流入畦单宽流量不变，随着田面水流前锋的不断推进，畦田各点积水深度逐渐加大，由于水流推进过程伴随着土壤水分入渗，灌水流量沿畦长方向逐渐减少，因而纵向田面水流水面线沿畦长方向逐渐降低，入畦处水面线最高，水流推进锋面处水面线最低。

在封堵阶段，入畦单宽流量为 0，上游畦田灌水处的水流不断下渗，田面水流开始消退，下游水流前锋尚未达到畦尾，但在惯性的作用下，仍保持一定的向前驱动力，水流继续推进，直至到达畦尾。

在垂直消退阶段，由于没有入畦流量的补给，受土壤水分入渗和田面坡度的影响，畦首的田面水流不断向下游畦田运动，导致上游畦田段地表水面线逐渐降低，直至地表出露，中下游地段地表未裸露。

在水平消退阶段，随着各段畦田高程的下降，地表逐渐出露，下游畦尾处地表最后出露。

根据各阶段灌水过程分析，在满足灌水过程模拟精度的要求下，对灌水条件进行一定程度的假定：

① 畦田过水断面视为规则的棱柱体，并且仅存在一维垂直入渗；

② 灌水过程平稳，田面水流为渐变流，流线不出现剧烈变化；

③ 灌水过程中，田块尺度上的土壤性状不存在时空变异性；

④ 不考虑田面水流沿畦宽方向的流态变异。

6.2.2.2 灌水过程模拟

目前，地面灌溉灌水模型主要有全水流动力学模型、零惯量模型、运动波模型。全水流动力学模拟精度最高，但待定参数较多，对于微分方程的求解较为困难。零惯量模型形式较为简单，可实现灌水过程的数值求解，但在灌水过程中发现，畦灌田面水深很小，地表水深沿畦长方向变化也较小，进而将零惯量模型简化为运动波模型。运动波模型的求解过程较为简单，尽管模拟精度较前二者而言相对较低，但运用最广泛，模拟精度也可满足灌水生产的实践要求。故本章选用运动波模型对田面水流运动进行模拟，如下：

$$\frac{\partial h}{\partial t} + \frac{\partial q}{\partial x} + \frac{\partial I}{\partial t} = 0 \qquad (6-5)$$

$$S_0 = S_f \qquad (6-6)$$

式中　　h——水深，m；

x——从上游边界算起的距离，m；

q——单宽流量，m²/s；

t——放水时间，s；

S_0——地面坡降，%；

S_f——水力坡降，%；

I——累积入渗量，cm。

6.2.2.3 模型参数处理

（1）地面坡降 S_0

地面坡降是畦灌水流向前推进的驱动来源，不同地面坡度影响下畦灌水流推进、消退过程有显著差异。在不考虑田块尺度上微地形影响的情况下，可通过田间实测的方法获得。对于坡降恒定的田块，S_0 可用畦首、畦尾处的高程差直接确定；对于变坡降畦田，为保证模型计算精度，可对坡降变化处的高程进行分段测量，S_0 值分段输入。

（2）水力坡降 S_f

水力坡降 S_f 可利用曼宁公式进行推求，计算公式为：

$$S_f = \frac{q^2 n^2}{A^2 R^{\frac{4}{3}}} \tag{6-7}$$

式中　n——田面糙率值（无量纲），一般可根据实际灌水经验估算，或利用畦田水流推进及消退过程进行反向推算；

　　　A——过水断面面积，m^2；

　　　R——过水断面水力半径，m，数值上等于过水断面面积 A 与湿周 X 的比值。

（3）田面糙率值 n

田面糙率值 n 是对田面平整程度、种植作物类型及生长状况等情况的综合反映，直接影响田面水流的推进、消退过程。可根据生产实践经验根据实际情况查询相关糙率手册进行确定，也可根据畦灌灌水水流推进及消退情况进行反推。

（4）土壤水分入渗模型及参数

选取 Kostiakov-Lewis 模型作为土壤水分入渗模型，依据非线性预测模型获取土壤水分入渗模型参数。

（5）畦灌过水断面水深 - 面积关系系数 σ_1，指数 σ_2

为方便对畦灌灌水水流运动过程进行定量描述，假定田面水深与过水断面间存在指数关系，令 $h = \sigma_1 A^{\sigma_2}$。

式中　h——地表水深，cm；

　σ_1、σ_2——畦灌过水断面水深 - 面积关系系数和指数。

在对单位宽度的畦田水深与过水断面面积关系进行计算时，$h=A$，故 $\sigma_1 = \sigma_2 = 1$。

（6）过水断面形状系数和形状指数 ρ_1，ρ_2

摩阻坡降 S_f 的分母项可利用过水断面面积 A 表示如下：

$$A^2 R^{\frac{4}{3}} = \rho_1 A^{\rho_2} \tag{6-8}$$

式中　ρ_1、ρ_2——过水断面形状系数和形状指数。畦灌灌水条件下，以单位

宽度畦田为研究对象，可得 $h=A$，$R=A$，$A^2 R^{\frac{4}{3}} = A^{\frac{10}{3}}$，即

$$\rho_1 = 1.0, \quad \rho_2 = \frac{10}{3}。$$

（7）理想条件下，畦田某断面积水深度 h 刚好等于 0 时，认为该断面处田面水流已经消退，然而实际情况往往比较复杂，田块某些地方的积水在较长时间内无法完全消退，这对畦灌水流消退过程的计算模拟不利，因而本章结合灌水实际情况，考虑当过水断面面积小于上次计算过水断面面积的 5% 时，则认为该断面的退水过程结束。

6.2.3　灌水技术参数优化模型

6.2.3.1　灌水技术参数选取

畦灌灌水指标是灌水技术参数优化的目标，选取不同的灌水效果指标，对畦灌灌水结果会产生显著差异。因而本章在兼顾灌水质量影响因素的基础上，选取灌水效果 E_a、储水效率 E_s 和灌水均匀度 E_d 三个评价指标作为畦灌灌水技术参数优化的目标。

$$E_a = \frac{W_s}{W_f} \tag{6-9}$$

$$E_s = \frac{W_s}{W_n} \tag{6-10}$$

$$E_d = 1 - \frac{\Delta \bar{z}}{z} \times 100\% \tag{6-11}$$

式中　W_f——实际灌水量，m^3；

W_s——储存在计划湿润层内的水量，m^3；

W_n——需要灌入计划湿润层内的总水量，m^3；

z——灌水后土壤中的平均灌水深度，cm；

$\Delta \bar{z}$——灌水后沿畦长方向各点的灌水深度与平均灌水深度的平均离
差，cm。

6.2.3.2 灌水技术参数间的关系分析

（1）E_a 与 E_s 的关系

在对 W_f 进行控制时，一般要根据 W_n 进行设计，引入灌水经验系数 k，则 $W_f = kW_n$。故

$$E_s = \frac{W_s}{W_n} = k\frac{W_s}{W_f} = kE_a \qquad （6\text{-}12）$$

在兼顾 E_s 与 E_a 的基础上，k 值宜控制在 $0.95 \sim 1.15$ 之间。

（2）E_s 与 E_d 的关系

灌水过程中，土壤入渗水深沿畦长分布示意图如图 6-3 所示。B 点为灌水过程完成后，沿畦长方向的土壤水分分布曲线与计划湿润层厚度的交点。

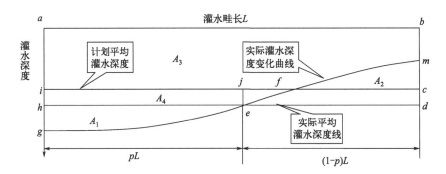

图6-3 土壤入渗水深沿畦长分布示意图（p为比例）

现假定计划灌入湿润层内的总水量为 W_n（abci 所包围面积）；实际入畦水量为 W_f（abdeh 所包围面积），W_f 是 W_n 的 k 倍，既 $W_f=kW_n$；在一定的灌水技术参数下灌水后，灌入计划湿润层内的水分为 W_s（图 6-3 中 abmfji 所包围面积）。

（3）E_a 与 E_d 的关系

由式（6-12）与图（6-3）可得，

$$E_d = \frac{kE_a + (2p-1)(1-p)k - p}{2kp(1-p)} \qquad （6\text{-}13）$$

根据灌水技术参数间的关系分析，最终选定 E_a 和 E_d 作为灌水技术参数

优化指标。灌水技术参数优化模型为：

$$\max E_{\mathrm{ad}} = E_{\mathrm{a}} + E_{\mathrm{d}} \tag{6-14}$$

$$E_{\mathrm{ad}} \geqslant 180\% \tag{6-15}$$

$$L \leqslant L_{\max} \tag{6-16}$$

$$k \in [0.95, 1.15] \tag{6-17}$$

式中　$L_{\max}$——灌水过程中水流的最大推进长度；

L——灌水畦长；

E_{ad}——灌水技术参数。

6.2.4　模型耦合

6.2.4.1　模型实现的实质

畦灌灌水技术参数优化的过程是不同灌水条件下畦灌灌水效果寻优的过程，而要实现不同灌水条件的灌水效果分析，需对畦灌灌水过程中的田面水流运动和田块土壤水分入渗过程进行准确分析和模拟，因此畦灌水分管理一体化优化模型的实现就是土壤水分入渗参数预测、田面水流运动模拟和灌水技术参数优化三个模型结合过程的实现。

（1）田面水流运动和土壤水分入渗模型的结合

畦田土壤的入渗特性会对田面水流的推进、消退过程造成影响，而这一影响又决定了畦田各区域土壤水分的入渗时间，影响畦田土壤水分的入渗分布状况。因而，畦灌灌水过程是土壤水分入渗过程和田面水流运动相互影响和作用的过程。由式（6-5）可知，畦灌灌水过程是土壤水分入渗过程和田面水流运动过程耦合的结果。

（2）畦灌灌水技术参数优化模型和土壤水分入渗模型的结合

畦灌灌水技术参数优化过程就是灌水效果指标最大化的过程，畦灌灌水效果评价就是对某次灌水后土壤水分分布状况的评价。由式（6-9）和式（6-11）可知，畦灌灌水技术参数优化是畦灌灌水指标计算与土壤水分入渗过程耦合的结果。

土壤水分入渗、畦灌田面水流运动和灌水技术参数优化三个模型通过上述耦合关系，借助计算机语言，实现了畦灌水分管理的一体化模型的建立。

6.2.4.2 模型运用步骤

本章所建立的畦灌水分管理一体化优化模型由土壤水分入渗参数预测模块、田面水流运动过程模拟模块和灌水技术参数优化模块构成。从操作运用角度分为输入、输出两大模块。模型结构如图 6-4 所示。

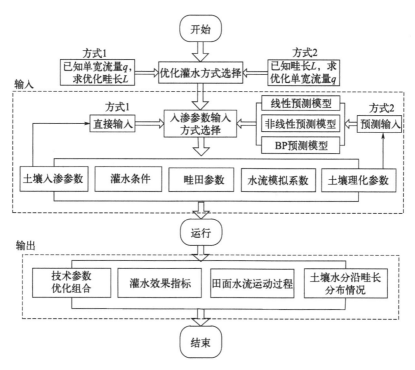

图6-4　畦灌水分管理一体化模型结构图

（1）土壤水分入渗参数的预测

畦灌水分管理一体化模型可实现以常规理化参数为输入参数，利用非线性预测模型，对 Kostiakov 三参数模型参数进行有效预测。

（2）畦灌田面水流运动过程模拟

畦灌水分管理一体化模型可实现以田块基本物理特征和灌水条件为输入

参数，利用运动波模型对畦灌束流的推进、消退过程进行有效计算。

（3）灌水效果指标的模拟计算

畦灌水分管理一体化模型在实现土壤水分入渗参数预测、灌水过程模拟的基础上，可计算得到不同入渗参数、不同田块、不同灌水条件下的灌水效果指标计算。

（4）灌水技术参数的优化组合

在灌水效果指标计算的基础上，构建灌水技术参数优化模型，实现灌水技术参数优化组合的确定。即根据实际灌水条件，实现给定畦长，优化单宽流量和给定单宽流量，优化畦长的组合。

6.3 应用实例

选用山西省北长寿试验点实测灌水过程，对本章所建立的畦灌水分管理一体化模型进行实例应用分析，以试验点实测土壤常规理化参数作为输入参数，如表 6-1 所列。

表6-1 模型输入参数

输入参数		输入参数值
土壤理化参数	θ_1	18.625%
	θ_2	12.6%
	γ_1	1.3g/cm^3
	$\gamma_1^{\#}$	1.35g/cm^3
	γ_2	1.36g/cm^3
	γ_3	1.40g/cm^3
	δ_1	54.7%
	δ_2	31.8%
	δ_3	13.5%
	δ_4	55%
	δ_5	33%
	δ_6	12%
	G	1.05g/kg
畦田参数	坡降i	0.003
	n	0.05

续表

输入参数		输入参数值
灌水条件	计划灌水深度	60mm
水流模拟系数	σ_1	1.0
	σ_2	1.0
	ρ_1	1.0
	ρ_2	3.33
	k	1.05
	时间权重系数	0.5
	空间权重系数	0.6

根据实际情况，分别以土壤理化参数与入渗参数作为输入参数，对试验点已知畦长优化单宽流量下的畦灌灌水技术参数进行优化，其优化结果如表6-2所列。

表6-2　不同畦长条件下最优单宽流量及其灌水指标值

畦长 /m	输入入渗参数			输入土壤理化参数		
	最优单宽流量 /［m³/(m·s)］	灌水时间 /min	E_{admax}	最优单宽流量 /［m³/(m·s)］	灌水时间 /min	E_{admax}
40	0.001964	8	185.56	0.001964	8	191.27
50	0.002946	9	196.16	0.002946	9	195.10
70	0.002946	12	195.41	0.002946	13	198.80
100	0.003928	18	197.01	0.003928	18	197.54
120	0.00491	21	198.38	0.00491	21	199.32
150	0.003928	27	197.86	0.00491	28	197.42
200	0.006847	37	197.35	0.006874	39	197.35

对畦长为150m的灌水优化结果下的田面水流运动情况和土壤水分分布情况进行输出，如图6-5所示。

由表6-2、图6-5结果可以看出，以土壤理化参数作为输入参数与以入渗参数作为输入参数所得最优单宽流量与最优灌水时间基本相同，在使用优化模型确立的最优灌水技术参数组合条件下，可获取较高的灌水效果评价指标值。因此，所建立的畦灌水分管理模型是可行的。

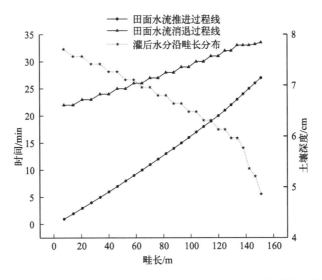

图6-5　畦田水流推进、消退过程线及灌后土壤水分沿畦长的分布曲线

参考文献

[1] 刘东生, 等. 黄土与环境[M]. 北京: 科学出版社, 1985.

[2] 刘东生. 黄土与环境[J]. 西安交通大学学报: 社会科学版, 2002, 22(4): 7-12.

[3] 邵明安, 王全九, 黄明斌. 土壤物理学[M]. 北京: 高等教育出版社, 2006.

[4] 雷志栋, 杨诗秀, 谢森传. 土壤水动力学[M]. 北京: 清华大学出版社, 1988.

[5] Buckingham E. Regnault's experiments on the Joule-Thomson effect[J]. Nature, 1907, 76(1976): 493.

[6] Richards, L. A. Capillary conduction of liquids through porous mediums [J]. Physics, 1931, 1(5): 318.

[7] 张蔚榛. 地下水与土壤水动力学[M]. 北京: 中国水利水电出版社, 1996.

[8] 康绍忠, 刘晓明, 等. 土壤-植物-大气连续体水分传输理论及其应用[M]. 北京: 水利电力出版社, 1994.

[9] 李韵珠, 李保国. 土壤溶质运移[M]. 北京: 科学出版社, 1998.

[10] 荆恩春, 等. 土壤水分通量法实验研究: ZFP方法、定位通量法、纠偏通量法应用基础[M]. 北京: 地震出版社, 1994.

[11] Corey A T. Measurement of water and air permeability in unsaturated soil[J]. Soil Science Society of America, 1957, 21(1): 7-10.

[12] Klute A, Dirksen C. Hydraulic conductivity and diffusivity: Laboratory methods[M]. Methods of soil analysis, Part 1. Physical and Mineralogical Methods, Soil Science Society of America, Monograph No.9, Madison, WI, 1986: 687-743.

[13] Klute A. The determination of the hydraulic conductivity and diffusivity of unsaturated soils[J]. Soil Science, 1972, 113(4): 264-276.

[14] Olsen H W, Nichols R W, Rice T L. Low gradient permeability methods in a triaxial system[J]. Geotechnique, 1985, 35(2): 145-157.

[15] Olsen H W, Morin R H, Nichols R W. Flow pump applications in triaxial testing[M]. Advanced Triaxial Testing of Soil and Rock, ASTM STP 977, Philadelphia: ASTM.1988: 68-81.

[16] Olsen H W, Willden A T, Kiusalaas N J, et al. Volume-controlled hydraulic property measurements in triaxial systems[M]. Hydraulic Conductivity and Waste Contaminant Transport in Soils, ASTM STP1142, Philadelphia: ASTM.1994: 482-504.

[17] Nimmo J R, Rubin J, Hammermeister D P. Unsaturated flow in a centrifugal

field：Measurement of hydraulic conductivity and testing of Darcy's law[J]. Water Resources Research, 1987, 23(1)：124-134.

[18] Lu Ning, William J L. Unsaturated soil mechanics[M]. Hoboken：John Wiley&Sons, Inc., 2004：476-477.

[19] Bruce R, Klute A. The measurement of soil moisture diffusivity[J]. Soil Science Society of America Proceedings, 1956, 20：458-462.

[20] Cassel D, Warrick A, Nielson D, et al. Soil-water diffusivity values based upon time dependent soil water content distributions[J]. Soil Science Society of America Proceedings, 1968, 32：774-777.

[21] Gardner W R. Calculation of capillary conductivity from pressure plate outflow data[J]. Soil Science Society of America Proceedings, 1956, 20：317-320.

[22] Benson C H, Gribb M. Measuring unsaturated hydraulic conductivity in the laboratory and fields[M]. Unsaturated Soil Engineering Practice, American Society of Civil Engineers Special Technical Publication No.68, Reston VA, 1997：113-168.

[23] Richards L A and Weeks L. Capillary conductivity values from moisture yield and tension measurements on soil columns[J]. Soil Science Society of America Proceedings, 1953, 55：206-209.

[24] Waston K. An instantaneous profile method for determining the hydraulic conductivity of unsaturated porous materials[J]. Water Resources Research, 1966, 2 (4)：709-715.

[25] 麦德. 长期施肥对粘质红壤性质和玉米水分关系的影响[D]. 武汉：华中农业大学, 2015.

[26] Garder W R. Some steady state solutions of the unsaturated moisture flow equation with application to evaporation from a water table[J]. Soil Science, 1958.85：228-232.

[27] Averjanov S F. About permeability of subsurface soils in case of incomplete saturation[J]. In English Colleetion.1950, 17：19-21.

[28] Childs E C, N Collis-George. The permeability of porous materials[J]. Soil Science.1950, 50：239-252.

[29] Mualem Y, G Dagan. Methods of predicting the hydraulic conductivity of unsaturated soils[J]. Research Project.1976, 332：78.

[30] 邵明安, 黄明斌. 土-根系统水动力学[M]. 西安：陕西科学技术出版, 2000.

[31] 任淑娟, 孙宇瑞, 任图生. 测量土壤水分特征曲线的复合传感器设计[J]. 农业机械学报, 2009, 40(5)：56-58.

[32] 王红兰,唐翔宇,鲜青松,等.紫色土水分特征曲线室内测定方法的对比[J].水科学进展,2016,27(2):240-248.

[33] 付晓莉,邵明安.一种改进的土壤压实模型及试验研究[J].农业工程学报,2007,23(4):1-5.

[34] 李永涛,王文科,梁煦枫,等.砂性漏斗法测定土壤水分特征曲线[J].地下水,2006,28(5):53-54.

[35] 刘思春,高亚军,王永一.土壤水势测定方法的选择及准确性研究[J].干旱地区农业研究,2011,29(4):189-192.

[36] 王文焰,王全九,张建丰.甘肃秦王川地区土壤水分运动参数及相关性[J].水土保持学报,2002(3):110-113.

[37] 丁新原,周智彬,雷加强,等.塔里木沙漠公路防护林土壤水分特征曲线模型分析与比较[J].干旱区地理,2015,38(5):985-993.

[38] 王红兰,唐翔宇,宋松柏.土壤水分特征曲线测定中低吸力段数据的影响分析[J].灌溉排水学报,2012(06):58-61.

[39] 丁新原,张广宇,周智彬,等.咸水滴灌条件下塔里木沙漠公路防护林土壤水分物理性质[J].水土保持学报,2015,29(1):250-256.

[40] 车政,王仰仁,王永红,等.农田土壤水分特征曲线参数拟合及其剖面变异特性研究[J].灌溉排水学报,2016,35(7):22-27.

[41] 董晓华,姚着喜,彭涛.温度对砂型土壤和石英砂水分特征曲线的影响[J].水土保持研究,2016(6):64-68.

[42] 郑荣伟,冯绍元,郑艳侠.北京通州区典型农田土壤水分特征曲线测定及影响因素分析[J].灌溉排水学报,2011,30(3):77-81.

[43] 詹良通,胡英涛,刘小川,等.非饱和黄土地基降雨入渗离心模型试验及多物理量联合监测[J].岩土力学,2019,40(07):2478-2486.

[44] Baumgartner N, Parkin G W, Elrick D E. Soil water content and potential measured by hollow time domain reflectometry probe[J]. Soil Science Society of America Journal, 1994, 58(2): 315-318.

[45] Ren T, Noborio K, Horton R. Measuring soil water content, electrical conductivity, and thermal properties with a thermo-time domain reflectometry probe[J]. Soil Science Society of America Journal, 1999, 63(3): 450-457.

[46] Vaz C M P, Hopmans J W, Macedo A, et al. Soil water retention measurements using a combined tensiometer-coiled time domain reflectometry probe[J]. Soil Science Society of America Journal, 2002, 66(6): 1752-1759.

[47]　辛琳, 郝新生, 崔清亮. 土壤水分特征曲线的4种经验公式拟合研究[J]. 山西农业科学, 2018, 46(02): 256-259.

[48]　赵爱辉, 黄明斌, 史竹叶. 两种土壤水分特征曲线间接推求方法对黄土的适应性评价[J]. 农业工程学报, 2008, 24(9): 11-15.

[49]　刘建国, 聂永丰. 非饱和土壤水力参数预测的分形模型[J]. 水科学进展, 2001(1): 99-106.

[50]　李峰, 缴锡云, 李盼盼, 等. 田间土壤水分特征曲线参数反演[J]. 河海大学学报(自然科学版), 2009(4): 373-377.

[51]　王卫华. 土壤导气率变化特征及水气热动力参数空间变异性研究[D]. 西安: 西安理工大学, 2013.

[52]　辛琳, 郝新生, 崔清亮. 土壤水分特征曲线的4种经验公式拟合研究[J]. 山西农业科学, 2018, 46(2): 256-259.

[53]　杜泽文. 土壤水分特征曲线的推求方法[D]. 西安: 长安大学, 2016.

[54]　Corey R H B T. Hydraulic properties of porous media and their relation to drainage design[J]. Transactions of the ASAE, 1964, 7(1): 0026-0028.

[55]　Genuchten V. A closed-form equation for predicting the hydraulic conductivity of unsaturated soils1[J]. Soil Science Society of America Journal, 1980, 44(5): 892-898.

[56]　Fredlund D G, Xing A Q. A equation for the soil-water characteristic curve[J]. Canadian Geotechnical Journal, 1994, 31: 521-532.

[57]　赵雅琼, 王周锋, 王文科, 等. 不同粒径下土壤水分特征曲线的测定与拟合模型的研究[J]. 中国科技论文, 2015, 10(3): 287-290.

[58]　Leong E C, Wijaya M. Universal soil shrinkage curve equation[J]. Geoderma, 2015, 237: 78-87.

[59]　Ling L, Chao L, Xin L, et al. Mapping the soil texture in the Heihe river basin based on fuzzy logic and data fusion[J]. Sustainability, 2017, 9(7): 1246.

[60]　栗现文, 周金龙, 周念清, 等. 土壤水高矿化度对粉质黏土水力特性的影响[J]. 节水灌溉, 2016(3): 41-44.

[61]　Arya L M, Paris J F. A physicoempirical model to predict the soil moisture characteristic from particle-size distributionand bulk density data[J]. Soil Science Society of America Journal, 1981, 45: 1023-1030.

[62]　Kern, Jeffrey S. Evaluation of soil water retention models based on basic soil physical properties[J]. Soil Science Society of America Journal, 1995, 59(4): 1134.

[63] 张均华,刘建立,张佳宝.估计太湖地区水稻土水分特征曲线的物理-经验方法研究[J].土壤学报,2011,48(2):269-276.

[64] Liu J L, Xu S H. Applicability of fractal models in estimating soil water retention characteristics from particle-size distribution data[J]. Pedosphere, 2002, 12(4): 301-308.

[65] 刘建立,徐绍辉,刘慧.估计土壤水分特征曲线的间接方法研究进展[J].水利学报,2004,(2):68-76.

[66] 汪怡珂,罗昔联,花东文.毛乌素沙地复配土壤水分特征曲线模型筛选研究[J].干旱区资源与环境,2019(6),33(6):167-173.

[67] 黄冠华,詹卫华,杨建国.应用分形理论模拟和预测土壤水分特征曲线//土壤物理与生态环境建设研究文集[M].西安:陕西科学技术出版社,2002:13-18.

[68] 黄冠华,詹卫华.土壤水分特征曲线的分形模拟[J].水科学进展,2002,13(1):55-60.

[69] 李保国.分形理论在土壤科学中的应用及其展望[J].土壤学进展,1994,22(1):1-10.

[70] 李保国,龚元石,左强,农田土壤水的动态模型及应用[M].北京:科学出版社,2000.

[71] 李保国.分形理论在土壤科学中的应用及其展望[J].土壤学进展,1994(01):3-12.

[72] Gimenez D, Perfect E, Rawls W J, et al. Fractal models for predicting soil hydraulic properties: A review[J]. Engineering Geology, 1997, 48: 161-183.

[73] J.W. Crawford, N. Matsui, I.M. Young. The relation between the moisture-release curve and the structure of soil[J]. European Journal of Soil Science, 1995, 46(3): 369-375.

[74] Kravchenko A, Zhang R. Estimating the Soil water retention from particle-size distributions: A fractal approach[J]. Soil Science, 1998, 163(3): 171-179.

[75] 刘建国,聂永丰.非饱和土壤水力参数预测的分形模型[J].水科学进展,2001,12(1):99-106.

[76] 徐绍辉,刘建立.估计不同质地土壤水分特征曲线的分形方法[J].水利学报,2003,(1):78-82.

[77] 王展,周云成,虞娜,等.以分形理论估计棕壤水分特征曲线的可行性研究[J].沈阳农业大学学报,2005,36(5):570-574.

[78] 李一博.二维吸渗与入渗条件下土壤水力特性参数反演方法研究[D].杨凌:西

北农林科技大学, 2018.

[79] 薛毅. 最优化原理与方法 [M]. 北京: 北京工业出版社, 2000.

[80] 唐振兴, 何志斌, 刘鹄. 黑河上游山区土壤非饱和导水率测定及其估算——以排露沟流域为例 [J]. 生态学杂志, 2011, 30(1): 177-182.

[81] 高惠嫣, 杨路华. 不同质地土壤的水分特征曲线参数分析 [J]. 河北农业大学学报, 2012, 35(5): 129-132.

[82] 赵雅琼, 王周锋, 王文科, 等. 不同粒径下土壤水分特征曲线的测定与拟合模型的研究 [J]. 中国科技论文, 2015, 10(3): 287-290.

[83] 吕殿青, 邵明安, 潘云. 容重变化与土壤水分特征的依赖关系研究 [J]. 水土保持学报, 2009(03): 209-212, 216.

[84] 李卓, 吴普特, 冯浩, 等. 容重对土壤水分蓄持能力影响模拟试验研究 [J]. 土壤学报, 2010, 47(4): 611-620.

[85] 单秀枝, 魏由庆, 严慧峻, 等. 土壤有机质含量对土壤水动力学参数的影响 [J]. 土壤学报, 1998, (01): 1-9.

[86] 高会议, 郭胜利, 刘文兆, 等. 不同施肥土壤水分特征曲线空间变异 [J]. 农业机械学报, 2014, 45(6): 161-165.

[87] 谭霄, 伍靖伟, 李大成, 等. 盐分对土壤水分特征曲线的影响 [J]. 灌溉排水学报, 2014, 33(4): 228-232.

[88] 王丽琴, 李红丽, 董智, 等. 黄河三角洲盐碱地造林对土壤水分特性的影响 [J]. 中国水土保持科学, 2014(01): 41-48.

[89] 陈宸, 张沨, 张华, 等. 温度效应对粉砂土壤水分特征曲线的影响研究 [J]. 中国农村水利水电, 2016, (6): 173-176, 181.

[90] 宇苗子. 黄土塬区小流域土地利用变化对土壤水力特征的影响 [D]. 杨凌: 西北农林科技大学, 2015.

[91] 王康, 张仁铎, 王富庆. 基于连续分形理论的土壤非饱和水力传导度的研究 [J]. 水科学进展, 2004(2): 206-210.

[92] Schun W M, J W Bauder. Effect of soil properties on hydraulic conductivity-moisture relationship[J]. Soil Science Society, 1986, 50: 848-855.

[93] Schun W M, R L Cline. Effect of soil properties on unsaturated hydraulic conductivity pore-interaction factors[J]. Soil Science, 1990, 54: 1509-1519.

[94] 徐绍辉, 刘建立. 估计不同质地土壤水分特征曲线的分形方法 [J]. 水利学报, 2003, 34(1): 78-82.

[95] 滕云, 张忠学, 司振江, 等. 振动深松耕作对不同类型土壤水分特征曲线影响研

究[J]. 灌溉排水学报, 2017, 36(5): 52-53, 55-58.

[96] 孙枭沁, 房凯, 费远航, 等. 施加生物质炭对盐渍土土壤结构和水力特性的影响 [J]. 农业机械学报, 2019, 50(02): 249-256.

[97] 陈安强, 雷宝坤, 胡万里, 等. 洱海近岸菜地包气带土壤水分特征曲线参数变化 及其影响因素[J]. 灌溉排水学报, 2018, 37(10): 50-56.

[98] 高会议, 郭胜利, 刘文兆, 等. 不同施肥土壤水分特征曲线空间变异[J]. 农业机械 学报, 2014, 45(6): 161-165, 176.

[99] Yang Fei, Zhang Gan-Lin, Yang Jin-Ling, et al. Organic matter controls of soil water retention in an alpine grassland and its significance for hydrological processes[J]. Journal of Hydrology, 2014, 519: 3086-3093.

[100] 吕殿青. 变容重土壤的水分动力学研究[D]. 杨凌: 西北农林科技大学, 2003.

[101] 吕殿青, 邵明安, 潘云. 容重变化与土壤水分特征的依赖关系研究[J]. 水土保持 学报, 2009, (3): 209-212, 216.

[102] 张芳, 张建丰, 薛绪掌, 等. 温度对简化蒸发法测定土壤水分特征曲线和导水率 曲线的影响[J]. 水资源与水工程学报, 2012, 23(3): 118-124.

[103] 董晓华, 姚着喜, 彭涛. 温度对砂型土壤和石英砂水分特征曲线的影响[J]. 水 土保持研究, 2016(6): 64-68.

[104] 袁孟. 喀斯特地区土壤温度和水分特征研究[D]. 昆明: 云南师范大学, 2015.

[105] 高红贝, 邵明安. 温度对土壤水分运动基本参数的影响[J]. 水科学进展, 2011, 22(4): 484-494.

[106] 曹红霞, 康绍忠, 武海霞. 同一质地(重壤土)土壤水分特征曲线的研究[J]. 西北 农林科技大学学报(自然科学版), 2002, 33(1): 9-12.

[107] 冯杰, 尚熳廷, 刘佩贵. 大孔隙土壤与均质土壤水分特征曲线比较研究[J]. 土 壤通报, 2009, 40(5): 1006-1009.

[108] 尚熳廷, 张建云, 刘九夫, 等. 大孔隙对土壤比水容重及非饱和导水率影响的实 验研究[J]. 灌溉排水学报, 2012(02): 3-7.

[109] Bouma J. Using soil survey data for quantitative land evaluation[J]. Advances in Soil Science, 1989, 9: 177- 233.

[110] 胡振琪, 张学礼. 基于ANN的复垦土壤水分特征曲线的预测研究[J]. 农业工程 学报, 2008, 24(10): 15-19.

[111] 陈冲. 土壤水分特征曲线的预测及土壤属性三维空间制图[D]. 北京: 中国农业 大学, 2015.

[112] 姚其华, 邓银霞. 土壤水分特征曲线模型及其预测方法的研究进展[J]. 土壤通

报,1992(3):142-144.

[113] Gupta S C, Larson W E. Estimating soil water retention characteristics from particle size distribution, organic matterpercent and bulk density[J]. Water Resources Research, 1979, 15: 1633- 1635.

[114] Rawls W J, Brakensiek D L, Saxton K E. Estimation of soil water properties[J]. Trans. ASAE, 1982, 25: 1316-1320, 1328.

[115] Gupta S C, Larson W E. Estimating soil water retention characteristics from particle size distribution, organic matter percent, and bulk density[J]. Water Resources Research, 1979, 15(6): 1633-1635.

[116] Wösten J H M, Van Genuchten M T. Using texture and other soil properties to predict the unsaturated soil hydraulic functions[J]. Soil Science Society of America Journal, 1988, 52(6): 1762-1770.

[117] Vereecken H, Maes J, Feyen J, et al. Estimating the soil moisture retention characteristic from texture, bulk density and carbon content [J]. Soil Science, 1989, 148(6): 389-403.

[118] Kern J S. Evaluation of soil water retention models based on basic soil physical properties[J]. Soil Science Society of America Journal, 1995, 59: 1134-1141.

[119] Wosten J H M, Pachepsky Y A, Rawls W J. Pedotransfer functions: Bridging the gap between available basic soil dataand missing soil hydraulic characteristics[J]. Journal of Hydrology, 2001, 251: 123-150.

[120] Gupta S C, Larson W E. Estimating soil water retention characteristics from particle size distribution, organic matter percent, and bulk density[J]. Water Resources Research, 1979, 15(6): 1633-1635.

[121] 朱安宁,张佳宝,程竹华. 轻质土壤水分特征曲线估计的简便方法[J]. 土壤通报,2003(04):14-19.

[122] 杨靖宇. 河套灌区土壤分形特征及转换函数推求与评价[D].呼和浩特:内蒙古农业大学,2007.

[123] 黄元仿,李韵珠. 土壤水力性质的估算——土壤转换函数[J]. 土壤学报,2002(4):517-523.

[124] 廖凯华,徐绍辉,程桂福,等. 基于不同PTFS的流域尺度土壤持水特性空间变异性分析[J]. 土壤学报,2010,47(1):33-41.

[125] 刘继红. 基于不同土壤转换函数构建方法的封丘县土壤水力特性研究[D]. 郑州:郑州大学,2012.

[126] 门明新,彭正萍,许皞,等.河北省土壤容重的传递函数研究[J].土壤通报,2008

(01)：33-37.

[127]　段兴武，谢云，冯玉杰，等. 东北黑土区土壤凋萎湿度研究[J]. 水土保持学报，2008，6(22)：212-216.

[128]　吕玉娟. 坡耕地紫色土水力特性及其水分与产流动态研究[D]. 杨凌：西北农林科技大学，2013.

[129]　Saxton K E, Rawls W J, Romberger J S, et al. Estimating generalized soil-water characteristics from texture1[J]. Soil Science Society of America Journal, 1986, 50 (4)：1031.

[130]　Minasny B, Mcbratney A B, Bristow K L. Comparison of different approaches to development of pedotransfer functions for water retention curves[J]. Geoderma, 1999, 93(3)：225-253.

[131]　贾宏伟. 石羊河流域土壤水分运动参数空间分布的试验研究[D]. 杨凌：西北农林科技大学，2004.

[132]　张均华，刘建立，张佳宝，等. 常熟地区水稻土饱和导水率的间接方法研究[J]. 土壤通报，2010(4)：778-782.

[133]　施枫芝，赵成义，叶柏松，等. 基于PTFs的干旱地区土壤饱和导水率的尺度扩展[J]. 中国沙漠，2014(6)：1584-1589.

[134]　韩勇鸿，樊贵盛，孔令超. 田间持水率土壤传输函数研究[J]. 农业机械学报，2013，44(9)：62-67.

[135]　冯锦萍，樊贵盛. 土壤入渗参数的线性传输函数研究[J]. 中国农村水利水电，2014(9)：8-11.

[136]　原林虎. PHILIP入渗模型参数预报模型研究与应用[D]. 太原：太原理工大学，2013.

[137]　Pachepsky Y A, Timlin D, Varallyay G. Artificial neural networks to estimate soil water retention from easily measurable data[J]. Soil Science Society of America Journal, 1996, 60(3)：727-733.

[138]　Schaap M G, Bouten W. Modeling water retention curves of sandy soils using neural networks[J]. Water Resources Research, 1996, 32(10)：3033-3040.

[139]　E. J. W. Koekkoek, H. Booltink. Neural network models to predict soil water retention[J]. European Journal of Soil Science, 2008, 50(3)：489-495.

[140]　Borgesen C D, Schaap M G. Point and parameter pedotransfer functions for water retention predictions for Danish soils[J]. Geoderma, 2005, 127(1-2)：154-167.

[141]　王志强. 科尔沁沙地土壤水力特性的推算[D]. 呼和浩特：内蒙古农业大学，

2003.

[142]　王志强, 刘廷玺, 朝伦巴根. 寒冷干旱区土壤水力特性参数的模拟估算 [J]. 沈阳农业大学学报, 2004, 35(5): 426-428.

[143]　高如泰, 陈焕伟, 李保国, 等. 基于 BP 神经网络的土壤水力学参数预测 [J]. 土壤通报, 2005, 36(5): 641-646.

[144]　胡振琪, 张学礼. 基于 ANN 的复垦土壤水分特征曲线的预测研究 [J]. 农业工程学报, 2008, 24(10): 15-19.

[145]　邓乃扬, 田英杰. 数据挖掘中的新方法: 支持向量机 [M]. 北京: 科学出版社, 2004.

[146]　王景雷, 吴景社, 孙景生, 等. 支持向量机在地下水位预报中的应用研究 [J]. 水利学报, 2003, (5): 122-128.

[147]　吴景龙, 杨淑霞, 刘承水. 基于遗传算法优化参数的支持向量机短期负荷预测方法 [J]. 中南大学学报(自然科学版), 2009, 40(1): 180-184.

[148]　杨绍锷, 黄元仿. 基于支持向量机的土壤水力学参数预测 [J]. 农业工程学报, 2007, 23(7): 42-47.

[149]　张瑶, 李民赞, 郑立华, 等. 基于近红外光谱分析的土壤分层氮素含量预测 [J]. 农业工程学报, 2015, (9): 121-126.

[150]　孙波, 梁勇, 汉牟田, 等. 基于 GA-SVM 的 GNSS-IR 土壤湿度反演方法 [J]. 北京航空航天大学学报, 2019, 45(3): 486-492.

[151]　郭李娜, 樊贵盛. 基于网格搜索和交叉验证支持向量机的地表土壤容重预测 [J]. 土壤通报, 2018, 49(3): 512-518.

[152]　Schindler Uwe, Mueller Lothar, Frank Eulenstein. Measurement and evaluation of the hydraulic properties of horticultural substrates[J]. Achieves of Agronomy and Soil Science, 2016, 62(6): 806-818.

[153]　Schindler Uwe, Jose Doerner, Lothar Mueller. Simplified method for quantifying the hydraulic properties of shrinking soils[J]. Journal of Plant Nutrition and Soil Science, 2015, 178(1): 136-145.

[154]　Schindler Uwe, Durner Wolfgang, von Unold G, et al. The evaporation method: Extending the measurement range of soil hydraulic properties using the air-entry pressure of the ceramic cup[J]. Journal of Plant Nutrition and Soil Science, 2010, 173(4): 563-572.

[155]　Schindler Uwe, Durner Wolfgang, von Unold G, et al. Evaporation method for measuring unsaturated hydraulic properties of soils: Extending the measurement range[J]. Soil Science Society of America Journal, 2010, 74(4): 1071-1083.

[156] Peters A, Durner W. Simplified evaporation method for determining soil hydraulic properties[J]. Journal of Hydrology, 2008, 356: 147-162.

[157] Richards, L. A. Capillary conduction of liquids through porous mediums[J]. Physics, 1931, 1(5): 318-333.

[158] Wind G P. Field experiment concerning capillary rise of moisture in heavy clay soil[J]. Netherlands Journal of Agricultural Science, 1955, 3: 60-69.

[159] Gardner W R. Some steady-state solutions of the unsaturated moisture flow equation with application to evaporation from a water table[J]. Soil Science, 1958, 85(4): 228-232.

[160] 陈正汉, 谢定义, 王永胜. 非饱和土的水气运动规律及其工程性质研究[J]. 岩土工程学报, 1993, 15(3): 9-20.

[161] Williams J, Prebble R E, Williams W T. The influence of texture, structure and clay mineralogy on the soil moisture characteristic[J]. Australian Journal of Soil Research, 1983, 21(1): 15-19.

[162] 姚娇转, 刘廷玺, 王天帅, 等. 科尔沁沙地土壤水分特征曲线传递函数的构建与评估[J]. 农业工程学报, 2014, 30(20): 98-108.

[163] Zhang L M, Chen Q. Predictiing bimodal soil-water characteristic curves[J]. Journal of Geotechnical and Geoenvironmental engineering, 2005, 131(5): 666-670.

[164] Thakur V K S, Sreedeep S, Singh D N. Parameters affecting soil-water characteristic curves of fine-grained soils[J]. Journal of Geotechnical and Geoenvironmental Engineering, 2005, 131(4): 521-524.

[165] Lu N, Likos W J. Suction stress characteristic curve for unsaturated soil[J]. Journal of Geotechnical and Geoenvironmental Engineering, 2006, 132(2): 131-142.

[166] Pedroso D M, Williams D J. A novel approach for modeling soil water characteristic curves with hysteresis[J]. Computers and Geotechnics, 2010, 37(3): 374-380.

[167] Scheinost A C, Sinowski W, Auerswald K. Regionalization of soil water retention curves in a highly variable soil scape: I, Developing a new pedotransfer function[J]. Geoderma, 1997, 78(3): 129-143.

[168] 冯锦萍. 区域尺度上土壤入渗模型特征参数传输函数的研究[D]. 太原: 太原理工大学, 2017.

[169] 郭华. 土壤入渗模型参数的分阶段非线性预报模型研究[D]. 太原: 太原理工大学, 2016.

[170] 武雯昱. 基于Kostiakov-Lewis入渗模型参数的BP预报模型研究[D]. 太原：太原理工大学, 2016.

[171] Pachepsky Y A, Timlin D, Varallyay G. Artificial neural networks to estimate soil water retention from easily measurable data[J]. Soil Science Society of America Journal, 1996, 60(3): 727-733.

[172] Schaap M G, Leij F J, Van Genuchten M T. ROSETTA: A computer program for estimating soil hydraulic parameters with hierarchical pedotransfer functions[J]. Journal of Hydrology, 2001, 251(3): 163-176.

[173] 高如泰, 陈焕伟, 李保国, 等. 基于BP神经网络的土壤水力学参数预测[J]. 土壤通报, 2005, 36(5): 641-646.

[174] 李丽, 牛奔. 粒子群算法及其应用[M]. 北京：冶金工业出版社, 2009: 27-29.

[175] 程冬兵, 蔡崇法. 室内基于土壤水分再分布过程推求紫色土导水参数[J]. 农业工程学报, 2008, 24(7): 7-12.

[176] 黎丹, 薛涛, 刘勇, 等. 不同质地土壤的非饱和土壤水分特征曲线研究[J]. 灌溉排水学报, 2007(S1): 82-83.

[177] 赵世平, 刘建生, 杨改强, 等. 粒径对土壤水分特征曲线的影响研究[J]. 太原科技大学学报, 2008, 29(4): 332-334.

[178] 来剑斌, 王全九. 土壤水分特征曲线模型比较分析[J]. 水土保持学报, 2003, 17(1): 137-140.

[179] 王云强, 张兴昌, 韩凤朋. 黄土高原淤地坝土壤性质剖面变化规律及其功能探讨[J]. 环境科学, 2008, 29(4): 1020-1026.

图2-3　HYPROP仪传感器组件示意图

图2-4　HYPROP仪试验示意图

图2-5　激光粒度分析仪

图2-6　有机质含量测定

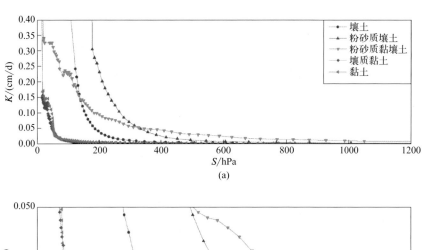

(a)

(b)

图4-1　不同质地土壤非饱和导水率随吸力变化曲线

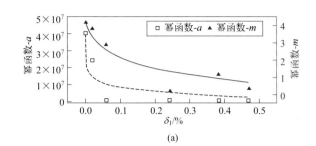

(a)

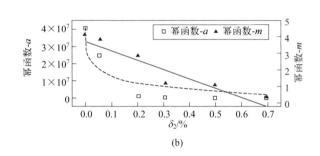

(b)

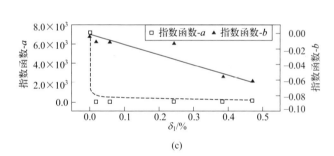

(c)

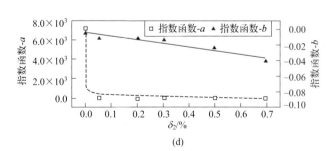

(d)

图4-2

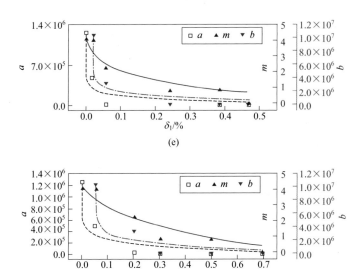

图4-2 黏粒、粉粒含量与土壤非饱和导水率模型参数数量关系

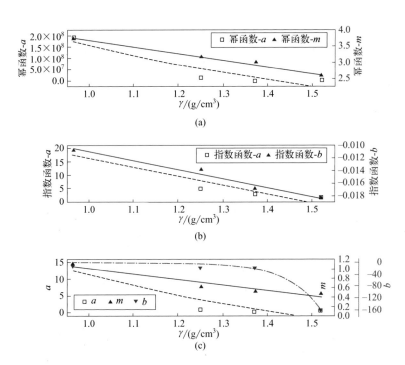

图4-4 容重与土壤非饱和导水率模型参数数量关系

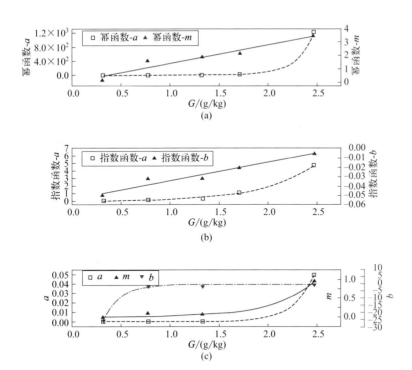

图4-6 有机质含量与土壤非饱和导水率模型参数数量关系

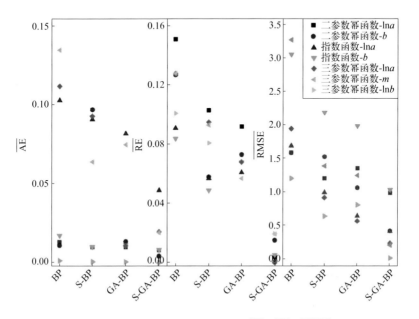

图4-9 四种不同模型预测训练样本$\overline{\text{AE}}$、$\overline{\text{RE}}$、$\overline{\text{RMSE}}$值

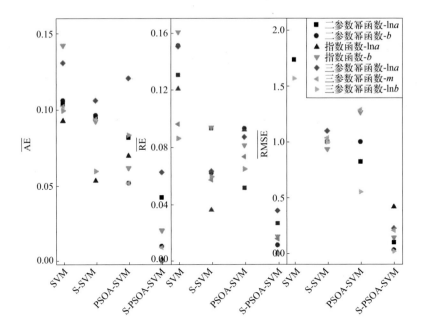

图4-12　四种不同模型预测训练样本$\overline{AE}$、$\overline{RE}$、$\overline{RMSE}$值

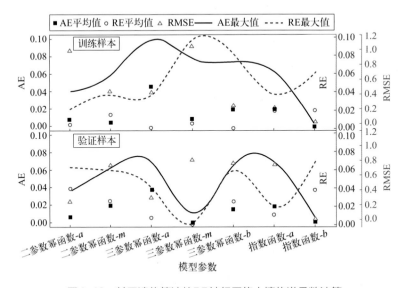

图4-13　基于遗传算法的BP神经网络土壤传递函数计算
所得训练样本与验证样本非饱和导水率模型参数预测值与
实测值间的相对误差、绝对误差和均方根误差

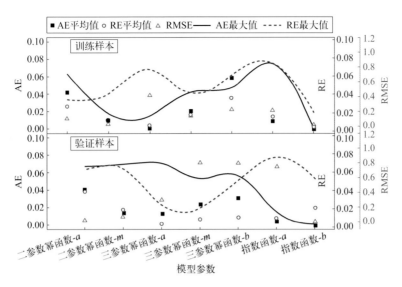

图4-14　基于粒子群算法优化的支持向量机土壤传递函数计算
所得训练样本与验证样本非饱和导水率模型参数预测值与
实测值间的相对误差、绝对误差和均方根误差

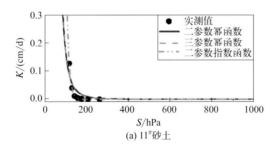

(a) 11#砂土

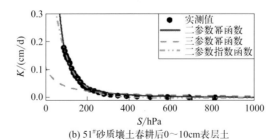

(b) 51#砂质壤土春耕后0～10cm表层土

图4-15

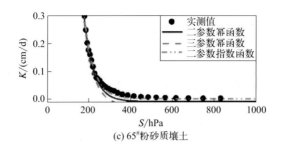

(c) 65#粉砂质壤土

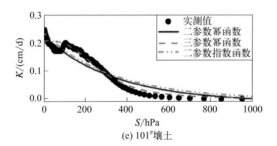

(d) 60#粉砂质黏壤土

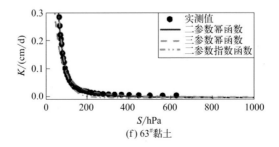

(e) 101#壤土

(f) 63#黏土

图4-15 采用基于粒子群优化的支持向量机
土壤传递函数对不同质地土壤的非饱和
导水率拟合值与实测值比较

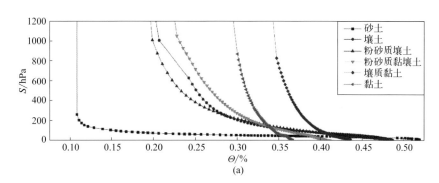

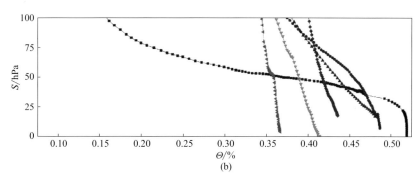

图4-16　不同质地土壤水分特征曲线

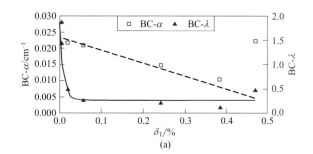

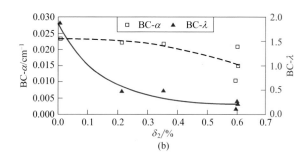

图4-17

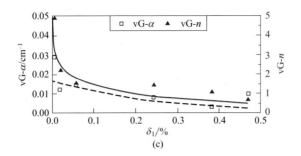

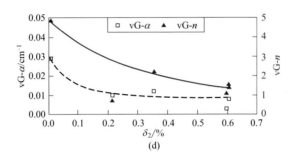

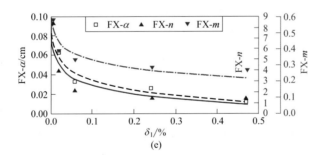

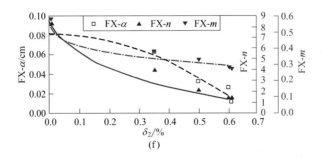

图4-17 黏粒、粉粒含量与土壤水分特征曲线模型参数数量关系

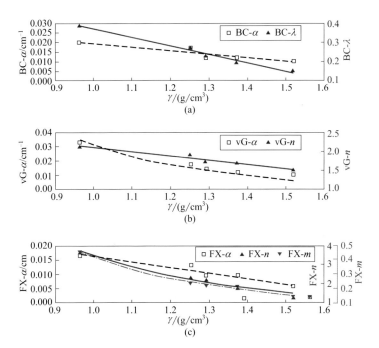

图4-19　土壤容重与土壤水分特征曲线模型参数数量关系

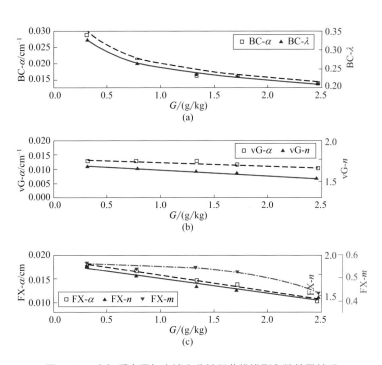

图4-21　有机质含量与土壤水分特征曲线模型参数数量关系

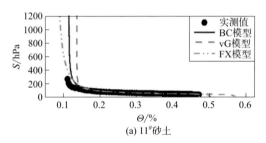

(a) 11#砂土

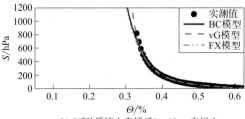

(b) 51#砂质壤土春耕后0～10cm表层土

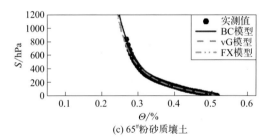

(c) 65#粉砂质壤土

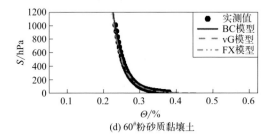

(d) 60#粉砂质黏壤土

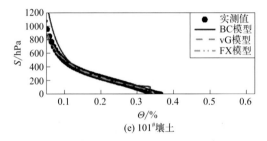

(e) 101#壤土

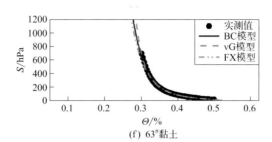

图4-28 采用基于粒子群优化的支持向量机
土壤传递函数对不同土壤拟合所得土壤水分
特征曲线实测值和预测值比较

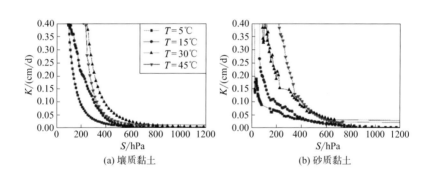

(a) 壤质黏土

(b) 砂质黏土

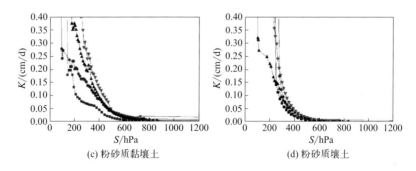

(c) 粉砂质黏壤土

(d) 粉砂质壤土

图5-1 不同质地不同温度土壤非饱和
导水率随吸力变化曲线

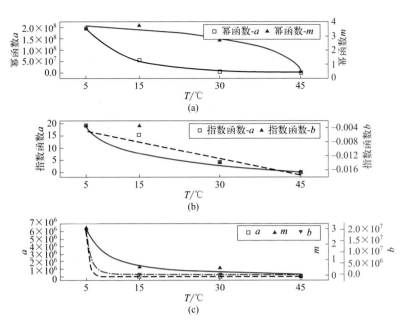

图5-2　粉砂质黏壤土温度与非饱和导水率模型参数数量关系

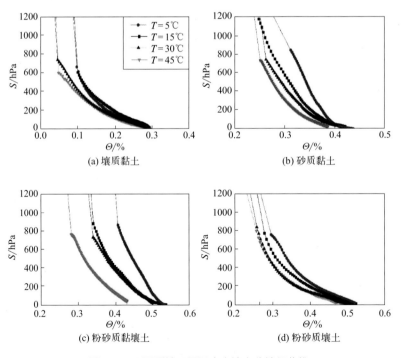

图5-3　不同质地不同温度土壤水分特征曲线

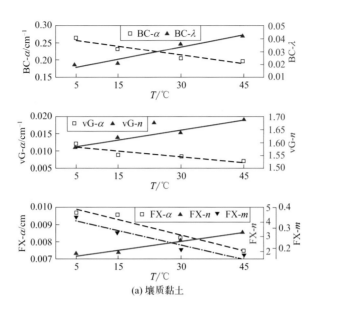

(a) 壤质黏土

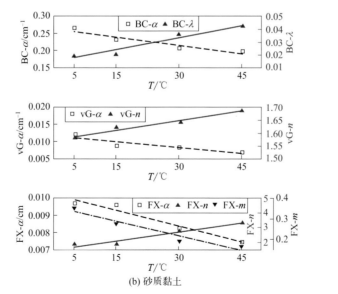

(b) 砂质黏土

图5-4

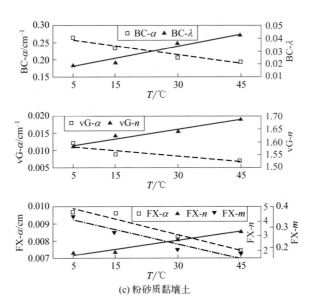

(c) 粉砂质黏壤土

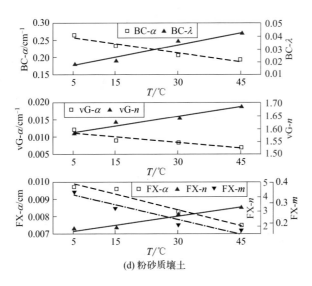

(d) 粉砂质壤土

图5-4　温度与土壤水分特征曲线模型参数数量关系